T0255760

essentials

essentials liefern aktuelles Wissen in konzentrierter Form. Die Essenz dessen, worauf es als „State-of-the-Art" in der gegenwärtigen Fachdiskussion oder in der Praxis ankommt. *essentials* informieren schnell, unkompliziert und verständlich

- als Einführung in ein aktuelles Thema aus Ihrem Fachgebiet
- als Einstieg in ein für Sie noch unbekanntes Themenfelda
- als Einblick, um zum Thema mitreden zu können

Die Bücher in elektronischer und gedruckter Form bringen das Fachwissen von Springerautor*innen kompakt zur Darstellung. Sie sind besonders für die Nutzung als eBook auf Tablet-PCs, eBook-Readern und Smartphones geeignet. *essentials* sind Wissensbausteine aus den Wirtschafts-, Sozial- und Geisteswissenschaften, aus Technik und Naturwissenschaften sowie aus Medizin, Psychologie und Gesundheitsberufen. Von renommierten Autor*innen aller Springer-Verlagsmarken.

Weitere Bände in der Reihe http://www.springer.com/series/13088

Patric U. B. Vogel

COVID-19: Suche nach einem Impfstoff

2. Auflage

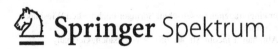

Patric U. B. Vogel
Vogel Pharmopex24, Cuxhaven, Deutschland

ISSN 2197-6708 ISSN 2197-6716 (electronic)
essentials
ISBN 978-3-658-33648-6 ISBN 978-3-658-33649-3 (eBook)
https://doi.org/10.1007/978-3-658-33649-3

Die Deutsche Nationalbibliothek verzeichnet diese Publikation in der Deutschen Nationalbibliografie; detaillierte bibliografische Daten sind im Internet über http://dnb.d-nb.de abrufbar.

© Springer Fachmedien Wiesbaden GmbH, ein Teil von Springer Nature 2020, 2021
Das Werk einschließlich aller seiner Teile ist urheberrechtlich geschützt. Jede Verwertung, die nicht ausdrücklich vom Urheberrechtsgesetz zugelassen ist, bedarf der vorherigen Zustimmung des Verlags. Das gilt insbesondere für Vervielfältigungen, Bearbeitungen, Übersetzungen, Mikroverfilmungen und die Einspeicherung und Verarbeitung in elektronischen Systemen.
Die Wiedergabe von allgemein beschreibenden Bezeichnungen, Marken, Unternehmensnamen etc. in diesem Werk bedeutet nicht, dass diese frei durch jedermann benutzt werden dürfen. Die Berechtigung zur Benutzung unterliegt, auch ohne gesonderten Hinweis hierzu, den Regeln des Markenrechts. Die Rechte des jeweiligen Zeicheninhabers sind zu beachten.
Der Verlag, die Autoren und die Herausgeber gehen davon aus, dass die Angaben und Informationen in diesem Werk zum Zeitpunkt der Veröffentlichung vollständig und korrekt sind. Weder der Verlag, noch die Autoren oder die Herausgeber übernehmen, ausdrücklich oder implizit, Gewähr für den Inhalt des Werkes, etwaige Fehler oder Äußerungen. Der Verlag bleibt im Hinblick auf geografische Zuordnungen und Gebietsbezeichnungen in veröffentlichten Karten und Institutionsadressen neutral.

Planung/Lektorat: Stefanie Wolf
Springer Spektrum ist ein Imprint der eingetragenen Gesellschaft Springer Fachmedien Wiesbaden GmbH und ist ein Teil von Springer Nature.
Die Anschrift der Gesellschaft ist: Abraham-Lincoln-Str. 46, 65189 Wiesbaden, Germany

Was Sie in diesem *essential* finden können

- Eine Einführung in das Prinzip von alten und neuen Impfstofftechnologien.
- Die Darstellung von Stärken und Schwächen der einzelnen Technologien.
- Eine Übersicht über die derzeit laufenden Impfstoffprojekte gegen COVID-19 sowie den Fortschritt bei der Impfung mit den ersten zugelassenen Impfstoffen
- Die Darstellung weiterer Aspekte, von der Impfbereitschaft über das Auftreten von Mutationen bis zu einer Bewertung bisheriger Impfnebenreaktionen
- Eine Einführung in zusätzliche Konzepte wie sterilisierende Immunität, Herdenimmunität und Immunitätsdauer.

Inhaltsverzeichnis

Einleitung, Hintergrund und Eigenschaften von Coronaviren

1

1.1 Hintergrund

Impfstoffe gehören zu den größten Errungenschaften der modernen Medizin. Was im 18 Jahrhundert mit dem Kampf gegen die **Pocken** seinen Anfang nahm, hat einen phänomenalen Siegeszug im Gesundheitswesen erlebt. Schätzungen zufolge verhindert der weltweite Einsatz von Impfstoffen jährlich mehrere Millionen Todesfälle, vor allem unter Kindern (CDC 2014). Impfstoffe sind jedoch keine Wundermittel, mit denen Infektionskrankheiten einfach und bequem ausgerottet werden können. Bis heute sind nur zwei Infektionskrankheiten, die Pocken und die Rinderpest, durch intensive Bekämpfungsmaßnahmen, einschließlich Impfkampagnen, vollständig eliminiert worden (Hamilton et al. 2015). Viele andere Infektionskrankheiten wie die Masern werden lediglich unter Kontrolle gehalten. Warum gibt es selbst nach Jahrzehnten des Einsatzes von Impfstoffen nicht mehr Infektionskrankheiten, die ausgemerzt wurden? Zum einen werden nicht alle Menschen, gerade in Entwicklungsländern, geimpft. Somit verbleibt eine empfängliche Population, innerhalb derer Pathogene „überleben". Zum anderen verleihen bestimmte Impfungen keine **sterilisierende Immunität,** d. h. die geimpfte Person ist zwar gegen eine Erkrankung beschützt, jedoch nicht gegen eine Infektion, wodurch sich Erreger weiterverbreiten können. Einige Viren verändern sich stetig durch genetische Prozesse, oder springen von Zeit zu Zeit von Tieren auf Menschen über. Auch wenn aus diesen Gründen eine vollständige Ausrottung in vielen Fällen illusorisch ist, helfen Impfstoffe viele Infektionskrankheiten zu kontrollieren.

Der Prozess der **Impfstoffentwicklung** – die Entwicklung von der Idee bis hin zur Zulassung – ist langwierig und dauert durchschnittlich über 10 Jahre. Hieraus folgt, dass gegen neue Infektionskrankheiten zunächst kein Impfstoff

© Springer Fachmedien Wiesbaden GmbH, ein Teil von Springer Nature 2021
P. U. B. Vogel, *COVID-19: Suche nach einem Impfstoff,* essentials,
https://doi.org/10.1007/978-3-658-33649-3_1

zur Verfügung steht. Im 20. Jahrhundert war diese Gefahr relativ überschaubar, häufig in Form von neuen **Influenza-Pandemien** (Pandemie: Ausbreitung eines Erregers auf verschiedenen Kontinenten) mit großen zeitlichen Abständen. Durch die zunehmende Globalisierung, eine wachsende Erdbevölkerung, Klimaveränderungen, und dem fortschreitenden Eindringen in Lebensräume von Wildtieren hat sich die Auftretenswahrscheinlichkeit von Infektionskrankheiten fundamental verändert.

Neuartige Viren oder die Rückkehr von bekannten Viren tritt in immer kürzeren Abständen auf und ist mittlerweile mehr die Regel als die Ausnahme. Dies wird durch die zahlreichen Ereignisse der letzten Dekade verdeutlicht, darunter z. B. die Schweinegrippe, die Entdeckung von MERS, die Zunahme von Dengue-Fieber, die Ebola- und Zika-Epidemien sowie der Ausbreitung von **COVID-19** seit Ende 2019. Somit sieht sich die Menschheit ständig neuen Gefahren gegenüber und Coronaviren scheinen Schlüsselspieler in dieser Bedrohung im 21. Jahrhundert zu sein. Neue Coronaviren, die beim Menschen auftreten, stammen aus Tieren. Eine Erkrankung, die von Tieren auf andere Tiere oder Menschen übertragen wird, wird **Zoonose** genannt. Coronaviren haben bereits viele Male den Sprung vom Tier zum Menschen geschafft, wobei Fledermäuse und Nagetiere als Hauptquelle, teilweise mit anderen Tieren als Zwischenüberträger, identifiziert wurden (Corman et al. 2018).

Das neuartige Coronavirus **SARS-CoV-2** hat die Gesundheitssysteme und die Wirtschaft vor nie dagewesene Aufgaben und Schwierigkeiten gestellt. Zwar waren ähnliche Maßnahmen bereits vor hundert Jahren beim Ausbruch der **Spanischen Grippe** ergriffen worden, jedoch erfolgte die globale Verbreitung langsamer und die Maßnahmen waren auf bestimmte Länder bzw. Regionen beschränkt (Vogel und Schaub 2021). Auch das ähnliche **SARS**-Virus im Jahr 2002/2003 wurde durch massive Maßnahmen der Infektionskontrolle bekämpft und unter Kontrolle gebracht (Chan-Yeung und Xu 2003). Die Umstände der rasanten Verbreitung von **COVID-19** erforderten eine schnelle Reaktion. Die erste Welle verursachte in einigen europäischen Ländern bereits erheblichen Schaden. Nach ruhigeren Sommermonaten folgte eine schwere zweite Welle im Herbst bzw. Winter 2020. Die Geschwindigkeit des Ausbreitens des Erregers machte es auch in Deutschland erforderlich, vom ersten sog. **Wellenbrecher-Shutdown,** der nur für einen Monat geplant war, immer weitere Verlängerungen und Verschärfungen umzusetzen.

Ein zentraler, wenn nicht sogar der wichtigste, Baustein in der Bekämpfung dieser neuen Krankheit **COVID-19** liegt in der Verfügbarkeit von **Impfstoffen.** Während am Anfang der Pandemie eine erfolgreiche Impfstoffentwicklung und -zulassung innerhalb eines Jahres illusorisch erschien, gab zumindest der Blick auf das Tierreich eine Hoffnung auf einen grundsätzlichen Erfolg, da es verschiedene wirksame Impfstoffe, z. B. gegen Coronaviren des Geflügels oder des Schweins gibt (OIE 2000; Gerdts und Zakhartchouk 2017). Das Ziel, so schnell wie möglich einen Impfstoff gegen COVID-19 zu haben, hat beispiellose Aktivitäten von Forschungsgruppen und pharmazeutischen Unternehmen in Gang gesetzt. Der Status dieser Projekte wird von der **Weltgesundheitsorganisation (WHO)** zusammengefasst und laufend aktualisiert (WHO 2020a). Obwohl eine Beschleunigung des Prozesses der Entwicklung und Zulassung ungefähr um den Faktor 10 (1 Jahr anstatt 10 Jahre) mit Risiken einhergeht, haben mehrere **Impfstofftechnologien** einen phänomenalen Erfolg gefeiert. Derzeit haben verschiedene Impfstoffe in Europa und dem Rest der Welt bereits eine von verschiedenen **Zulassungsformen** (z. B. Notfall- bzw. bedingte Zulassung, ab jetzt Zulassung genannt) erhalten und weltweit wurden über 100 Mio. Menschen geimpft. Dabei ist zusätzlich hervorzuheben, dass die Risikogruppen wie ältere Personen sehr gut gegen eine COVID-19-Erkrankung geschützt werden können.

In diesem *essential* werden wir verschiedene Impfstofftypen, ihre Vor- und Nachteile sowie die derzeit laufenden Projekte zur Impfstoffentwicklung gegen **COVID-19** kennenlernen. In der ersten Auflage wurden neben der Vorstellung verschiedener Technologien u. a. auch Risiken im erörtert. Dies war als mahnende Warnung gedacht, da es in der ersten Jahreshälfte 2020 diverse Bestreben gab, die üblichen Regularieren außer Kraft zu setzen. Hierzu zählten z. B. auch politische Bestrebungen in den USA, ein Zulassungsdatum vor den Wahlen zu erreichen. Die größte Gefahr war damals, dass Studien der klinischen Phase-III übersprungen werden und mit Massenimpfungen begonnen wird. Mit wenigen Ausnahmen, bei denen Impfstoffe in einigen Ländern bereits an bestimmten Berufsgruppen eingesetzt wurden, bevor vorläufige Ergebnisse der klinischen Phase III vorlagen, hat hier die Vernunft gesiegt, wie auch das Beispiel der europäischen Zulassungsbehörde **EMA** gezeigt hat. Derzeit zeichnet sich immer stärker ab, dass sich die Wirksamkeit der **COVID-19-Impfstoffe** auch bei den Impfkampagnen bestätigt und sie ein Sicherheitsprofil haben, dass mit bewährten Impfstoffen vergleichbar ist. In dieser zweiten Auflage werden einige der Impfstoffe vorgestellt und auf weitere Aspekte wie z. B. das Entstehen von **Virusmutationen** eingegangen.

1.2   Coronaviren: Historie und Viruseigenschaften

Coronaviren wurden in den 1930er Jahren das erste Mal als Erreger einer Infektionskrankheit bei Geflügel beschrieben. Die Krankheit wurde als „**Infektiöse**

Bronchitis" benannt (Bijlenga et al. 2004) und ist bis heute eine der gefährlichsten Infektionskrankheiten des Geflügels. Die ersten humanen Coronaviren wurden in den 1960er Jahren entdeckt (Kahn und McIntosh 2005). Molekularbiologische Analysen weisen jedoch daraufhin, dass einige Coronaviren bereits vor mehreren hundert Jahren auf den Menschen übertragen wurden und seitdem in unserer Population zirkulieren (Graham et al. 2013). Coronaviren sind mit 80 bis 120 nm sehr klein (Masters 2006). Das ist ungefähr hundertfach kleiner als unsere Körperzellen. Aus diesem Grund konnte ihre Morphologie, also ihr Aussehen, nur durch eine hochauflösende Technik, der **Elektronenmikroskopie,** beschrieben werden. Unter dem Elektronenmikroskop haben die Viren eine ovale Form mit langen Fortsätzen auf der Oberfläche (Abb. 1.1). Dieses kronenartige Erscheinungsbild war maßgeblich für die Namensgebung der Coronaviren (der lateinische Begriff corona bedeutet Krone).

Es sind insgesamt sieben humane Coronaviren bekannt. Vier dieser Coronaviren (bezeichnet als 229E, NL63, HKU1 und OC63) kommen weltweit vor

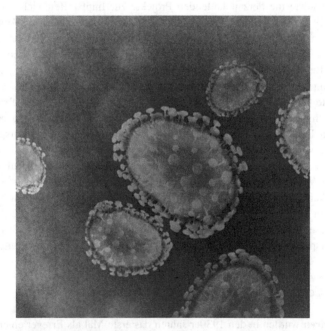

Abb. 1.1 Elektronenmikroskopische Darstellung von Coronaviren. (Mit zusätzlich eingefügten 3D-Effekt; Quelle: Adobe Stock, Dateinr.: 329773404)

und verursachen in der kalten Jahreszeit typische Erkältungskrankheiten, mit denen jeder von uns im Laufe seines Lebens ein oder mehrmals unliebsame Bekanntschaft gemacht haben dürfte. Diese Coronaviren verursachen in der kalten Jahreszeit ca. 15 % aller Erkältungskrankheiten (Kahn und McIntosh 2005; Greenberg 2016).

Daneben gibt es drei weitere Coronaviren, die erst nach der Jahrhundertwende von Tieren auf den Menschen übertragen bzw. identifiziert wurden. Die von ihnen verursachten Krankheiten hatten bzw. haben wegen der hohen Sterblichkeitsrate eine besondere medizinische Bedeutung. Der Erreger des **schweren akuten Atemwegssyndroms (SARS)**, trat erstmalig im Jahr 2002 in China auf. Es gab 8096 Fälle mit 774 Toten (WHO 2004). SARS wurde im Juni 2003 als besiegt erklärt. Interessanterweise war SARS kein einmaliges Ereignis der Übertragung von Tieren auf den Menschen. Die Diagnostik war damals nicht so ausgefeilt, wie heute und es dauerte einige Monate, bis ein Coronavirus als Erreger dieser Krankheit nachgewiesen wurde (Drosten et al. 2003). Die nachträgliche Analyse von Serumproben (aus Blutproben gewonnene Flüssigkeit, die u. a. Antikörper enthält) zeigte, dass bereits ein Jahr zuvor, im Jahre 2001, gesunde Menschen in Hong Kong Antikörper gegen SARS-Viren hatten (Graham et al. 2013). Diese Personen mussten also eine Infektion durchlaufen haben.

Das **Middle East Respiratory Syndrome (MERS)** wurde erstmalig im Jahr 2012 beschrieben (Zaki et al. 2012). Anders als SARS gab es keinen zeitlich begrenzten lokalen Ausbruch. MERS ist eine konstante Gefahr, da das Virus in Dromedaren (einhöckrige Kamele) zirkuliert, für die es relativ ungefährlich ist, und immer wieder sporadisch auf den Menschen übertragen wird. Insgesamt sind mittlerweile über 2500 MERS-Fälle beim Menschen bekannt (WHO 2020b). Auf Basis der nachträglichen Analyse von Serumproben wird vermutet, dass MERS-Viren seit den frühen 1980er Jahren in Dromedaren vorkommen (de Wit et al. 2016). Es wurden bei 70 % bis 100 % aller Dromedare der Arabischen Halbinsel und Nordafrika Antikörper gegen MERS-Viren gefunden (Banerjee et al. 2019). Aufgrund der starken Verbreitung in Dromedaren wird das Virus auch zukünftig auf Tierbesitzer und -pfleger sowie Touristen überspringen. Die Fallsterblichkeitsrate ist sogar noch höher als bei SARS, mit derzeit 34.3 % (WHO 2020b). Obwohl die Krankheit eher sporadisch auftritt, darf man MERS nicht unterschätzen. Einige Forscher vermuten, dass sich MERS derzeit in einer Phase befindet, die man die „Ruhe vor dem Sturm" bezeichnen könnte. Sofern das Virus durch zufällige genetische Mutationen die Fähigkeit erwirbt, effektiv von Mensch-zu-Mensch übertragen zu werden, könnte uns die nächste Coronavirus-Pandemie bevorstehen (Graham et al. 2013; Corman et al. 2018).

COVID-19 (abgeleitet vom englischen Namen „coronavirus disease 2019")
wurde erstmalig Ende Dezember 2019 in der chinesischen Stadt Wuhan erkannt.
Der Erreger, **SARS-CoV-2,** besitzt einige Ähnlichkeiten zum SARS-Virus und
verursacht eine teils schwerwiegend verlaufende Lungenkrankheit. Eine Analyse
der genetischen Information des neuen Virus lässt vermuten, dass es seit mind.
Anfang November 2019 in Menschen zirkuliert (Li et al. 2020). Das Virus ver-
breitete sich innerhalb von wenigen Wochen und Monaten auf der ganzen Welt
und wurde im März von der WHO als **Pandemie** eingestuft. Derzeit sind weltweit
über 120 Mio. Infektionen und fast 2,7 Mio. Todesfälle bestätigt (CSSE 2021). Bei
dieser Erkrankung kommt es, neben den schweren Verläufen und der Letalität vor
allem für ältere Menschen bzw. Menschen mit Vorerkrankung, auch zu ungewöhn-
lichen Spätfolgen, mit Bezeichnungen wie **Long-Covid** oder **Post-Covid,** die in
dieser Häufigkeit und Intensität ungewöhnlich sind. Dies umfasst Krankheitssym-
ptome wie z. B. langfristig reduzierte Leistungs- oder Konzentrationsfähigkeit. Es
sind sogar schwere neurologische Schäden möglich, deren genauer Umfang und
Schweregrad intensiv erforscht wird (Wang et al. 2020).

Das Viruspartikel, **Virion** genannt, besteht aus nur 4 Proteinen, einer Virushülle, und dem Virusgenom (Abb. 1.2). Außen befindet sich die Virushülle, eine
Membran, die das Virus von der letzten infizierten Zelle durch Abschnürung von

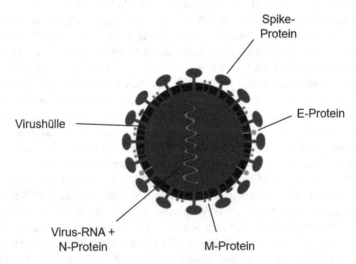

Abb. 1.2 Aufbau des Viruspartikels. (Quelle: Adobe Stock, Dateinr.: 339973957, modifiziert)

der Oberfläche erhält. Das sog. **Spike-Protein** bildet die langen, namengebenden Fortsätze, mit denen die Viren an Zellen andocken. Es hat eine besondere Bedeutung für die Impfstoffentwicklung, da es das Immunsystem besonders gut aktiviert. Die anderen beiden Oberflächenproteine haben unterstützende Funktion, z. B. beim Zusammenbau neuer Viruspartikel. Im Inneren steckt die genetische Information des Virus in Form einer Ribonukleinsäure (RNA), die auch Virusgenom genannt wird. Diese ist vom vierten sog. N-Protein ummantelt und stabilisiert (Fehr und Perlman 2015).

Die 4 Proteine, die Teil des **Virions** sind, werden strukturelle Proteine genannt, da sie das fertige Viruspartikel bilden. Das Virusgenom enthält neben diesen auch die genetische Information für weitere Proteine. Diese werden erst nach Infektion einer Zelle gebildet und helfen, das Virus zu vervielfachen. Diese Proteine, genauer Enzyme, produzieren große Mengen Boten-RNA (für die anschließende Bildung von Virusproteinen) und weitere Kopien des Virusgenom. Das führt dazu, dass sich in virusinfizierten Zellen viele Nachkommen, also vollständige Viruspartikel bilden. Die neuen Virionen werden in der Zelle zusammengebaut und an der Zelloberfläche freigesetzt. Daneben gibt es noch sog. Hilfsproteine, die dem Virus helfen, das Immunsystem des Wirts zu stören bzw. zu täuschen (de Wit et al. 2016).

2.1 Übersicht Impfstofftechnologien

Kurz nachdem klar war, welche enorme Tragweite diese **Pandemie** haben würde und dass eine lokale Eindämmung illusorisch war, liefen beispiellose Vorbereitungen zur Entwicklung von Impfstoffen gegen **COVID-19** an. Die wissenschaftliche Gemeinschaft und die pharmazeutische Industrie setzen hierbei auf ein Breitschwert, wobei neuere Technologien besonders im Fokus stehen. Die **WHO** erfasst derzeit systematisch alle laufenden Projekte zur Impfstoffentwicklung gegen COVID-19 sowie deren Fortschritt (WHO 2020a).

Abb. 2.1 fasst die verschiedenen Ansätze der Impfstoffentwicklung zusammen, die heutzutage gegen Infektionskrankheiten zur Verfügung stehen und die wir in diesem Buch kennenlernen werden. Ein Ansatz ist es, das Virus so zu verändern, dass es in seiner Gefährlichkeit abgeschwächt wird. Dieser Typ wird **Lebendimpfstoff** genannt und enthält dann ganze, vermehrungsfähige Viruspartikel (Kap. 3). Der zweite klassische Ansatz ist es, dass Virus durch z. B. chemische Reagenzien zu inaktivieren. Dieser **Inaktivat-Impfstoff** enthält ebenfalls ganze Viruspartikel, die sich jedoch nicht mehr vermehren können. Weitentwicklungen hiervon sind **Spalt-** und **Untereinheiten**-Impfstoffe, bei denen nur Teile der inaktivierten Virus im Impfstoff enthalten sind (Abschn. 4.1). Bei den **Vektorimpfstoffen** wird nur ein Teil, z. B. die genetische Sequenz für ein Protein des gefährlichen Virus, in ein ungefährliches Virus gebracht. Der Vektor hilft, die Ziel-Sequenz in die Körperzellen zu bringen, in der das virale Protein gebildet wird (Abschn. 3.3). Im Gegensatz hierzu sind **virus-ähnliche Partikeln** leere Hüllen oder Partikel, die keine virale Nukleinsäure im Inneren haben (Abschn. 3.4). Zwei ebenfalls neue Technologien zielen nicht darauf ab, ein anderes Virus zu benutzen, sondern die genetische Information in Form von Nukleinsäuren direkt

© Springer Fachmedien Wiesbaden GmbH, ein Teil von Springer Nature 2021
P. U. B. Vogel, *COVID-19: Suche nach einem Impfstoff*, essentials,
https://doi.org/10.1007/978-3-658-33649-3_2

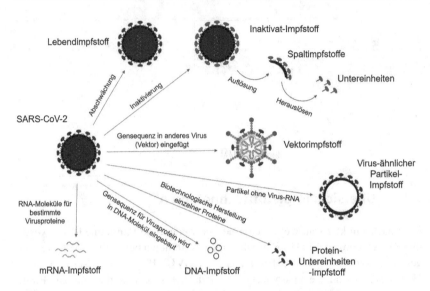

Abb. 2.1 Übersicht verschiedener Impfstofftypen. (Quelle: Erstellt unter Verwendung und Modifikation von Adobe Stock Dateinr.: 339973957 und 350847731)

in die Zellen zu bringen. Hierzu gehören **DNA-** und **mRNA-Impfstoffe** (Kap. 5). Ein anderer Ansatz basiert auf **rekombinanten Proteinen,** auch Untereinheiten genannt. Die Proteine werden mittels gentechnischer Methoden in z. B. Bakterien hergestellt und dann als Protein-Impfstoff verabreicht (Abschn. 4.2).

Es sind ca. 240 verschiedene Impfstoffkandidaten im Rennen, von denen sich ca. 40 % bereits in den **klinischen Phasen** befinden (WHO 2020a). Zahlenmäßig werden die Projekte angeführt von Kandidaten auf Proteinbasis (ca. 1/3 der Projekte) und Vektorviren (ca. 20 % der Projekte), gefolgt von Nukleinsäurebasierten Kandidaten, während die klassischen Ansätze (Lebendimpfstoffe und Inaktivat-Impfstoffe) zusammen weniger als 10 % ausmachen. Weiterhin haben von diesen in der klinischen Phase befindlichen Impfstoffen bereits mehrere die Zulassung (als bedingte Zulassung, Notfallzulassung oder reguläre Zulassung) in verschiedenen Ländern erhalten, darunter u. a. mRNA-, Vektor- und inaktivierte Impfstoffe (vfa 2021).

2.2 Immunantwort und wichtige Konzepte

Was passiert bei einer Impfung? Das menschliche Immunsystem besteht aus zwei sog. Armen, der **angeborenen,** und der **adaptiven Immunantwort** (Müller et al. 2008). Die angeborene Immunantwort ist unspezifisch und setzt ein, wenn ein Krankheitserreger in den Körper eindringt, verleiht uns sozusagen einen frühen allgemeinen Schutz, reicht aber in einigen Fällen nicht aus, um eine Krankheit zu verhindern. Die adaptive Immunantwort basiert auf einer spezifischen Erkennung eines Krankheitserregers und führt z. B. zur Bildung großer Mengen von Antikörper (humorale Immunantwort), die z. B. das Virus ummanteln und damit blockieren und/oder Immunzellen, die z. B. virusinfizierte Zellen attackieren (zellvermittelte Immunantwort). Der Startpunkt sind sog. **antigenpräsentierende Zellen,** z. B. Fresszellen, die als „Wächter" die Zellzwischenräume in unserem Körper patrouillieren. Wenn sie Viren oder deren Bestandteile finden, „schlucken" sie diese, verarbeiten sie zu kleineren Fragmenten und zeigen diese Fragmente auf ihrer Zelloberfläche. Sie wandern in kleine Lymphknoten, Orte in denen große Mengen von unreifen Immunzellen quasi auf den Einsatzbefehl warten, und aktivieren diese. In der Folge vermehren und differenzieren sich spezialisierte Immunzellen, die beginnen, das neue Virus zu bekämpfen. Diese Prozesse spielen sich im Körper auch nach einer Impfung ab, d. h. als Reaktion auf die im Impfstoff enthaltenen Komponenten. Der entscheidende Vorteil ist nun, dass sich einige dieser bewaffneten Immunzellen als sog. Gedächtniszellen vorübergehend zur Ruhe setzen. Sofern der Körper nach der Impfung wieder mit diesem Virus in Kontakt kommt, hat dieser durch z. B. Antikörper einen Direktschutz. Weiterhin vermehren sich die ruhenden Immunzellen sofort und verhindern, dass es zu einer Erkrankung kommt.

Sofern ein Impfstoff-Kandidat im Menschen hohe Antikörperspiegel verursacht, ist das ein Maß für die **Immunogenität** des Impfstoffs, d. h. es entsteht eine messbare Immunantwort im Empfänger. Das ist aber nicht unbedingt identisch mit der **Wirksamkeit.** Die Wirksamkeit bezeichnet, wie gut man gegen die bestimmte Krankheit geschützt ist. Während bei vielen Infektionskrankheiten ein hoher Antikörperspiegel gleichgesetzt wird mit einem Schutz vor der Krankheit (z. B. Masern), gibt es andere Erkrankungen, bei denen Antikörper nicht geeignet sind, um einen Schutz abzuleiten. Ein gutes Beispiel ist das Respiratorische Synzytial Virus, das eine vorwiegend bei kleinen Kindern, aber auch beim Erwachsenen auftretende fiebrige Erkältungskrankheit verursacht. Hier kann eine Person trotz überstandener Krankheit und hohen Antikörpermengen im Körper erneut erkranken, obwohl der Krankheitsverlauf in solchen Fällen milder ist (Piedimonte und Perez 2014).

Bei Tierimpfstoffen kann man die **Wirksamkeit** experimentell direkt nachweisen. Eine Gruppe von Tieren wird geimpft, eine zweite Gruppe bleibt ungeimpft, und anschließend wird beiden Gruppen das krankheitsauslösende Virus, **Challenge** genannt, verabreicht. Im direkten Vergleich wird gezeigt, dass die geimpften Tiere vor einer Erkrankung geschützt sind, während die nicht geimpften Tiere erkranken. Die Phase-III-Studien u. a. zum Wirksamkeitsnachweis der **COVID-19-Impfstoffkandidaten** erfolgten ohne Challenge. Es wurden Gruppen gebildet (Impfung und Placebo) und über einige Monate auf Zeichen der Krankheit überwacht. Durch den Nachweis, dass prozentual mehr Krankheitsfälle in der ungeimpften Placebo-Gruppe auftraten als in der geimpften Gruppe, wurde der Nachweis erbracht, dass die geimpfte Gruppe besser geschützt war.

Der zweite Aspekt ist die **Sicherheit**. Diese bezeichnet alle in Verbindung mit der Impfung auftretenden unerwünschten Reaktionen, wie z. B. Hautrötungen, Schmerzen, Fieber, Unwohlsein oder allergische Reaktionen, aber auch jegliche Art von Folgeschäden. Impfstoffe sind die einzigen Arzneimittel, die regelmäßig flächendeckend an gesunden Personen eingesetzt werden und sollten daher möglichst wenig Nebenreaktionen verursachen.

2.3   Präklinische und klinische Phasen

Was ist eigentlich der Unterschied zwischen **präklinisch** und **klinisch**? Die Entwicklung eines Impfstoffs beginnt mit der Identifikation eines geeigneten Kandidaten, z. B. ein Virusisolat bzw. Antigen, die vom Immunsystem erkannt und eine starke Immunantwort bewirken, z. B. das Spike-Protein von **SARS-CoV-2**. An die vorläufige Konstruktion des Impfstoff-Kandidaten schließen sich diverse präklinische Tests an, z. B. Verträglichkeits-, Immunogenitäts- und Wirksamkeitsstudien in Tieren. Es müssen erhebliche Auflagen erfüllt sein, bevor ein Kandidat auf den Menschen „losgelassen" wird (Schriever et al. 2009; Pfleiderer und Wichmann 2015). Die nächste Stufe sind die klinischen Phasen I bis III und nach erfolgreicher Zulassung, die weitere Beobachtung der Sicherheit und Wirksamkeit des neuen Produkts im Markt (klinische Phase IV):

- **Präklinische Phase:** Identifikation des Antigens, Konstruktion des Impfstoff-Kandidaten, Verträglichkeits- und Wirksamkeitsstudien an Tieren
- **Klinische Phasen:** Einsatz des Impfstoffs am Menschen zur Überprüfung der Sicherheit, Verträglichkeit, der Dosisfindung sowie der Wirksamkeit bei fortschreitend erhöhter Probandenzahl von Phase I bis III (vor Zulassung) und Phase IV (nach Zulassung)

Phase I dient im Wesentlichen dem **Proof-of-Concept,** also dem Nachweis, dass der Kandidat grundsätzlich so funktioniert wie man erwartet. Man möchte die Sicherheit und Verträglichkeit, aber auch die Immunogenität an einer kleinen Anzahl von Testpersonen (z. B. 30 – 50) überprüfen. Die Probanden werden i. d. R. zu Beginn medizinisch intensiv betreut, um zügig auf unerwartete Komplikationen reagieren zu können. Die Bedeutung dieser Phase wird anhand eines schweren Zwischenfalls deutlich. Im Jahr 2006 wurde ein biologisches Produkt, ein Antikörper namens **TGN1412,** erstmalig an Menschen auf Verträglichkeit getestet. Hier kam es nach Verabreichung geringer Dosen an 6 Versuchspersonen, völlig unerwartet, zu schwersten Nebenreaktion bis hin zum Koma. Dieser Vorfall zeigte, dass man von der Verträglichkeit im Tier nicht unbedingt auf die Verträglichkeit im Menschen schließen kann. Die nächste Stufe ist dann die **klinische Phase II,** die zur **Dosis-Findung** dient. Es wird nachgewiesen, dass die vorgesehene Dosis (Menge an Viruspartikeln oder Molekülen, die dem Empfänger verabreicht wird) eine ausreichende Immunantwort verursacht und sicher ist. Diese Phase erfolgt an einer größeren Probandenzahl, typischerweise 200 – 400. Die **klinische Phase III**-Studie ist dann die letzte groß angelegte Studie vor der Zulassung. Man hat einen „aussichtsreichen" Kandidaten gefunden, dessen Eignung nun an tausenden von Versuchspersonen getestet wird. Im Falle der klinischen Studien der **COVID-19-Impfstoffkandidaten** wurde eine hohe Anzahl von Probanden eingeschlossen, was die Interpretation der Ergebnisse verbesserte. Nach der Zulassung des Impfstoffs erfolgt eine weitere Bewertung bezüglich der Sicherheit und Wirksamkeit, **klinische Phase IV** genannt (Volkers et al. 2005).

Warum, wenn doch die vorherigen Phasen erfolgreich waren? Die klinischen Phasen I – III sind nur Stichproben, d. h. Tests an insgesamt einigen tausend Menschen. Wenn ein neuer Impfstoff mit sehr niedriger Rate eine schwerwiegende Folgeerkrankung verursacht, wird man dies nur schlecht in den **klinischen Phasen I – III** feststellen können, aber mit größerer Wahrscheinlichkeit, wenn der Impfstoff an hunderttausenden oder Millionen Menschen routinemäßig eingesetzt wird. Deswegen wird der Einsatz von neuen zugelassenen Impfstoffen von den zuständigen Behörden in den ersten Jahren besonders kritisch überwacht. Dies ist bei **COVID-19-Impfstoffen** besonders wichtig, da in seit kurzer Zeit eine beispiellose Impfkampagne gestartet wurde, in der jede gefertigte Impfstoffcharge in Rekordzeit verimpft wird.

2.4   Aktueller Stand

Zum Glück haben sich keine der vorher möglichen Risiken bewahrheitet oder den Fortschritt der Impfstoffzulassungen torpediert. In der Frühphase der Impfstoffentwicklung gab es Bedenken, dass **COVID-19-Impfstoffe** eine Verstärkung des Krankheitsverlaufs nach anschließender Infektion verursachen könnten, wie es bsw. bei **SARS**-Impfstoffkandidaten in einigen Tiermodellen aufgetreten ist (Tseng et al. 2012). Aufgrund dieser Bedenken wurden von verschiedenen Organisationen Empfehlungen erarbeitet, die diesbezüglich beim Impfstoffdesign und den anschließenden Phasen berücksichtigt werden sollten (Lambert et al. 2020). Die grundsätzlichen Bedenken konnten bereits im Jahr 2020 überwiegend ausgeräumt werden. Zum Beispiel war im Tierversuch ein **Adenovektorvirus** (Typ Ad26) wirksam und sicher, ohne dass bei den Rhesusaffen Schädigungen nach dem sog. **Challenge,** also der Infektion mit einem virulenten Stamm, auftraten (Mercado et al. 2020). Ähnlich wurde auch in Hamstern bei Übertragung von SARS-CoV-2-antikörperhaltigem Plasma auf Tiere und anschließender Infektion, aber auch in einigen COVID-19-Patienten kein negativer Effekt beobachtet (Wen et al. 2020). Obwohl hier nicht alle Studien und Kandidaten aufgeführt werden können, kam grundsätzlich auch eine Analyse der klinischen und biologischen Eigenschaften zur Aussage, dass dies bei COVID-19 unwahrscheinlich ist (Halstead und Katzelnick 2020). Ein weiteres Risiko war z. B. in einigen Regionen der Welt ein Überspringen von **klinischen Phase-III-Studien** aufgrund des enormen öffentlichen, wirtschaftlichen und politischen Drucks. Diesbezüglich hatte das **Paul-Ehrlich-Institut** bereits in der ersten Jahreshälfte klargestellt, dass die üblichen Anforderungen voll erfüllt werden müssen. Das PEI ist auch bei zentralisierten Zulassungen beteiligt, die in Europa über die **EMA** laufen, und erhält volle Einsicht in die Unterlagen. Letztlich haben sich die Pharmafirmen und Zulassungsbehörden die Zeit genommen, die notwendig war, die ersten Impfstoffkandidaten zur **Zulassungsreife** zu bringen bzw. die **Qualität** bewerten zu können. Unter Berücksichtigung, dass verschiedene Behörden wie die FDA und die WHO früh in 2020 die Erwartungen an die Wirksamkeit von Impfstoffen mit 50 % bzw. 60 % angesetzt haben, um den Impfstoffen der ersten Generation den Weg zu ebnen, war dieses „tiefstapeln" gar nicht notwendig. Die Wirksamkeitsdaten waren beeindruckend, allen voran die ersten kommunizierten Daten der mRNA-Impfstoffe von **BioNTech/Pfizer** und **Moderna,** aber auch z. B. des Vektorimpfstoffs der **Oxford University/AstraZeneca,** der als erster Vektorimpfstoff eine Zulassung in der EU erhielt, mit einer kombinierten Wirksamkeit von etwas über 70 % (Voysey et al. 2021a). Die Sicherheitsdaten waren hierbei ebenfalls gut. Zum Beispiel traten beim AstraZeneca-Impfstoff zwar verschiedenste **Nebenwirkungen** auf, die aber zum größten Teil nicht auf den Impfstoff zurückzuführen waren (auch mehr Nebenwirkungen in Kontrollgruppe als in der geimpften Gruppe) und nur wenige schwere Nebenwirkungen, die vermutlich auf die Behandlung zurückgeführt wurden (einer von den drei Fällen auch in der Kontrollgruppe aufgetreten). Die betroffenen Probanden erholten sich vollständig bzw. sind noch in der Genesungsphase. Eine Einschränkung war jedoch die geringe Zahl von Personen über 70 Jahren (Knoll und Wonodi 2021). Aus diesem Grund wurde z. B. in Deutschland von der Ständigen Impfkommission empfohlen, die Anwendung auf Menschen bis 64 Jahre zu beschränken. Allerdings wurde diese Beschränkung aufgrund weiterer Daten im März 2020 wieder aufgehoben, sodass alle Menschen ab 18 Jahren mit diesem Impfstoff geimpft werden können.

Nebenwirkungen sind ein wichtiges Thema bei Impfstoffen. Keine Impfung ist absolut frei von Nebenwirkungen, jedoch sind schwerwiegende Nebenwirkungen sehr selten (Dittmann 2002). Ein verschwindend geringer Teil kommt sofort z. B. in Form von allergischen oder schweren **allergischen Reaktionen.** Der Großteil der Nebenwirkungen kommt in den Stunden und Tagen nach der Impfung, wie z. B. Schmerzen an der Einstichstelle oder Fieber. Ein wiederum verschwindend geringer Teil kann sich z. B. nach Wochen oder Monaten zeigen. Bei den herkömmlichen Impfungen, die seit langem angewendet werden, ist die Rate von schweren Sofortreaktionen sehr gering. Zum Beispiel gibt es beim **MMR-Impfstoff** (Masern, Mumps und Röteln) eine Rate von starken allergischen Reaktionen von kleiner als 1: 1.000.000, bei anderen Nebenreaktionen kann die Rate z. T. höher sein (Spencer et al. 2017). Eine frühe Auswertung der allergischen Reaktionen inklusive anaphylaktischer Schock nach **COVID-19-Impfung** in Amerika ergab nach knapp 2 Mio. Impfungen eine Rate von ca. 11 Fälle pro einer Million Impfdosen, mit einer mittleren Reaktion nach 12 min. In vielen Fällen hatten die betroffenen Personen eine Allergie-Historie (CDC 2021). Daher ist auch die Empfehlung in Deutschland verständlich, sich im Anschluss an die Impfung für 30 min im Impfzentrum aufzuhalten, damit man im Falle von allergischen Reaktionen direkt medizinische Betreuung hat. Zudem hat das **PEI** eine App zur Meldung von Nebenwirkungen nach COVID-19-Impfungen bereitgestellt, in der Betroffene Nebenwirkungen direkt melden können. Nach Start der Impfungen auch in Hausarztpraxen ist dies eine wichtige Innovation, um die üblicherweise gut funktionierende Meldekette (Arzt → Gesundheitsamt → PEI) zu verkürzen und schnell reagieren zu können, falls sich irgendwelche Unregelmäßigkeiten zeigen sollte.

Die Behörden überwachen die **Nebenwirkungen** von Impfungen intensiv. In Deutschland veröffentlicht das **PEI** regelmäßig Updates mit Statistiken. Derzeit (Stand bis 12.02.2021) sind knapp 4 Mio. Impfungen mit den drei bereits zugelassenen Impfstoffen (BioNTech, Moderna, AstraZeneca) durchgeführt worden. Die durchschnittliche Rate von allgemeinen Nebenwirkungen liegt bei 1,9 pro 1000 Impfdosen und von schwerwiegenden Nebenwirkungen bei 0,3 pro 1000 Impfdosen. Insgesamt bestätigt das PEI damit keine ungewöhnliche Häufung und ein weiterhin positives Nutzen-Risiko-Profil. Speziell Nebenwirkungen des AstraZeneca-Impfstoffs sind nach Verabreichung von ca. 3 Mio. Impfdosen in Großbritannien überwiegend auf lokale (Armschmerzen) oder grippe-ähnliche Symptome beschränkt, was sehr positiv ist (PEI 2021). Bei diesem Impfstoff zeigte sich jedoch im Anschluss eine leichte Häufung (kleiner als 1 Fall pro 100.000 geimpfte Personen) von bestimmten Thrombosen, die in einigen Fällen auch tödlich verliefen. Dies führte zu einem vorübergehenden Aussetzen der Impfungen in mehreren europäischen Ländern. Allerdings ist eine Kausalität noch nicht bestätigt und sowohl die WHO als auch die EMA bestätigten nach der Untersuchung im März 2020 ein weiterhin positives Risiko-Nutzen-Verhältnis.

Ein letzter Aspekt von **Nebenwirkungen** ist die Frage nach anderen **Folgeschäden** oder **Langzeitschäden**. Folgeschäden können in Form von chronischen oder vorübergehenden Erkrankungen auftreten, wobei häufig die Kausalität (unabhängig von der Impfung oder durch die Impfung entstanden) nicht belegt werden kann. Zum Beispiel wird immer noch der MMR-Impfstoff mit **Autismus** in Verbindung gebracht, obwohl verschiedene Auswertungen keine Hinweise darauf geben (Aps et al. 2018). Diese Annahme basierte auf einer wissenschaftlichen Studie, die aber gefälscht war (Spencer et al. 2017). Ein häufiger auftretenes Beispiel ist das **Guillain-Barré-Syndrom** (GBS), eine Erkrankung mit Lähmungserscheinungen, von der die Betroffenen sich häufig erholen. Diese Erkrankung ist bei Influenza-Impfungen bekannt, wobei die Rate viel häufiger nach natürlichen Influenza-Infektionen ist. Insgesamt deuten Simulationen an, dass durch Impfkampagnen eher die Häufigkeit von GBS in der Bevölkerung gesenkt wird (D'alò et al. 2017). Allerdings scheint ein möglicher Zusammenhang auch abhängig vom Impfstoff zu sein, z. B. kein gehäuftes Auftreten bei saisonalen Impfstoffen, aber etwas erhöht bei früheren pandemischen Impstoffen (Prestel et al. 2014). Zu **COVID-19** und GBS gibt es höchstens Einzelfälle, aber noch nicht genug Daten, um verlässliche Aussagen zu machen, ob die Erkrankung wirklich mit diesem Syndrom assoziiert ist (Zhao et al. 2020). Allerdings zeigt sich das GBS häufig in den ersten Wochen nach Infektion bzw. Impfung und vor dem Hintergrund von über 100 Mio. COVID-19-Fällen weltweit und vielen Millionen Impfungen hätte sich ein wirklicher Zusammenhang bereits stärker zeigen sollen, gerade weil medizinisch sehr genau auf **Long-Covid**-Symptome geachtet wird. Die derzeitige Datenlage zu möglichen Spätfolgen von COVID-19-Impfungen ist beruhigend, da die meisten Spätfolgen in den ersten 2 Monaten nach Impfung erwartet werden (Kim et al. 2021). Da bereits viele zehntausende Menschen im letzten Jahr an klinischen Studien teilgenommen haben und bereits Millionen Impfungen im Dezember 2020 erfolgten, ist diese kritische Periode überschritten. Daher sind gehäufte Folgeschäden bereits jetzt unwahrscheinlich. Trotzdem bleibt die Notwendigkeit, die Daten transparent zu erheben, zu kommunizieren und genau zu analysieren (Hampton et al. 2021).

Lebendimpfstoffe, Vektorimpfstoffe und virus-ähnliche Partikel

3.1 Klassische Lebendimpfstoffe

Klassisch attenuierte Lebendimpfstoffe gehören zu den ersten Impfstoffen, die gegen Infektionskrankheiten entwickelt wurden. Dieser Impfstoff-Typ geht auf frühe Forschungsarbeiten am Ende des 18 Jahrhundert zurück. Auch wenn das Prinzip schon früher praktiziert wurde, war ein englischer Arzt, **Edward Jenner,** der erste, der die Erkenntnisse in einem wissenschaftlichen Journal publizierte. Er verabreichte einem Jungen eine Kuhpocken-Präparation und infizierte den Jungen später mit dem für Menschen gefährlichen Pockenvirus. Der Junge war durch diese Vorbehandlung vor einer Erkrankung geschützt. Diese wissenschaftliche Arbeit wird als Geburtsstunde der **modernen Schutzimpfung** bezeichnet (Riedel 2005).

Die Idee von Lebendimpfstoffen ist es, ein Virus in seiner **Virulenz** abzuschwächen, sodass es keine Krankheit mehr auslöst, jedoch vom Immunsystem erkannt wird, um eine schützende Immunreaktion auszulösen. Die Abschwächung der Virulenz wird als **Attenuierung** bezeichnet. Der Erreger wird so durch das Immunsystem schnell in den Griff bekommen und eliminiert. Somit sind die Schädigungen durch das Impfvirus entweder gar nicht vorhanden oder stark abgeschwächt. Lebendimpfstoffe sind historisch mit die wirksamsten Impfstofftypen, da sie die Abläufe einer natürlichen Infektion nachspielen und durch Vermehrung im Zielgewebe eine starke stimulierende Wirkung auf das Immunsystem haben. Sie verleihen meist auch eine besonders langanhaltende Immunität. **Lebendimpfstoffe** haben zur Ausrottung der Pocken beigetragen und sind bis heute Standard gegen viele Infektionskrankheiten, wie z. B. bei Masern, Mumps und Röteln (Minor 2015).

© Springer Fachmedien Wiesbaden GmbH, ein Teil von Springer Nature 2021
P. U. B. Vogel, *COVID-19: Suche nach einem Impfstoff*, essentials,
https://doi.org/10.1007/978-3-658-33649-3_3

Ein wichtiges Merkmal hierbei ist ihre **empirische Entwicklung** nach dem **Versuch-und-Irrtum-Prinzip,** wobei die molekulare Grundlage dieser Abschwächung im Dunkeln blieb. Zwei klassische Coronavirus-Impfstoffe gegen die Infektiöse Bronchitis des Geflügels (siehe Kap. 3) sind gute Beispiele, um den empirischen Prozess der Attenuierung und den Zusammenhang zwischen den wichtigen Konzepten, Wirksamkeit und Sicherheit, zu verstehen. Diese Stämme, H52 und H120 genannt, wurden ab den 1950er Jahren entwickelt und in der Folge von verschiedenen Firmen als Impfstoff zugelassen, sind also bereits seit über einem halben Jahrhundert im Einsatz. Der Stamm H120 zählt heute noch zu den häufig eingesetzten Impfstoffen (Ramakrishnan und Kappala 2019).

Die Entwicklung dieser Impfstoffe geht auf den niederländischen Virologen **Gosse Bijlenga** zurück. In den Niederlanden kam es im Jahr 1954 auf einer Geflügelfarm zu einem Ausbruch der Infektiösen Bronchitis. Zur Herstellung eines Impfstoffs verwendete Bijlenga Proben von kranken Tieren dieser Farm. Der Wissenschaftler spritzte das aggressive Virusisolat in das Eiklar von Hühnereiern und inkubierte diese. Nach einigen Tagen entnahm er das Eiklar aus diesen Eiern und spritzte es wieder in das Eiklar von neuen Hühnereiern (Bijlenga et al. 2004). Die Idee dahinter war, dieses aggressive Virus durch Vermehrung im Hühnerei kontinuierlich an das embryonale Gewebe des Hühnerembryos zu adaptieren und seine Virulenz für adulte Gewebe (Huhn) hierdurch abzuschwächen.

Insgesamt machte Bijlenga diesen Vermehrungsschritt in Hühnereiern 52-mal (= H52, das H steht für den Nachnamen des Besitzers der Farm, von der das Isolat stammte). Anschließend testete er Virusmaterial von der 25 Passage (H25) im direkten Vergleich zu H52 unter kontrollierten Bedingungen auf Geflügelfarmen. Der H25-Stamm war viel zu aggressiv und als Impfstoff ungeeignet. Die mit dem H52-Stamm geimpften Tiere zeigten eine starke **Antikörperantwort,** der Stamm war aber noch zu aggressiv, gerade bei jüngeren Hühnern. Aus diesem Grund erfolgten weitere Passagen in Hühnereiern bis zur Passage 120 (Abb. 3.1). Diese Präparation zeigte sich deutlich sicherer im Einsatz auch an jüngeren Tieren, aber stimulierte immer noch eine starke **Immunantwort** (Bijlenga et al. 2004).

Die Eigenschaften, **Wirksamkeit** und **Sicherheit,** lassen sich grob in einem Diagramm festhalten (Abb. 3.2). Daraus folgt der allgemeine Grundsatz: Je weiter ein Virus von seinem eigentlichen Wirt entfernt wird, desto sicherer wird die Anwendung, desto eher läuft man aber Gefahr, dass das Virus „überabgeschwächt" wird, d. h. nicht mehr die erhoffte Wirksamkeit aufweist.

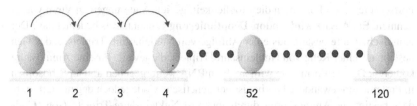

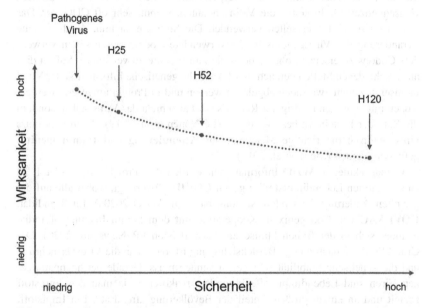

Abb. 3.1: Schematische Darstellung der Entwicklung der attenuierten Lebendimpfstoffe H52 und H120 gegen die Infektiöse Bronchitis des Geflügels. (Quelle: Erstellt unter Verwendung und Modifikation von Adobe Stock, Dateinr.: 76266497)

Abb. 3.2: Schematischer Zusammenhang zwischen Wirksamkeit und Sicherheit bei der schrittweisen Attenuierung eines Virus

3.2 Neue Ansätze Lebendimpfstoffe

Obwohl diese Impfstoffe in vielen Bereichen noch im Einsatz sind und uns einen guten Dienst erweisen, versucht man heutzutage, Lebendimpfstoff-Kandidaten nicht mehr nach diesem klassischen Prinzip zu entwickeln. Technologische

Fortschritte geben Forschern die Möglichkeit, gezielt Änderungen an Viren vorzunehmen. Ein Ansatz wird **Codon-Deoptimierung** genannt. Was bedeutet das? Der **genetische Code** besteht aus einer Abfolge von Nukleinsäure-Triplets. Jedes Gen besteht aus einer Kette von Nukleinsäure-Triplets, die jeweils für eine Aminosäure kodieren. Diese Information wird an die mRNA weitergegeben und an Ribosomen in Proteine umgewandelt. Hierbei ist der genetische Code jedoch degeneriert, d. h. dass bestimmte Aminosäuren durch mehrere Nukleinsäure-Triplets (sog. **Codons**) kodiert werden. Diese Verwendung ist jedoch nicht zufällig oder universell, und verschiedene Organismen bevorzugen bestimmte Codons, auch unsere Körperzellen. Beispiel: 4 verschiedene Codons, u. a. CUG und CUA, kodieren die gleiche Aminosäure Valin. Unsere Körperzellen „lieben" CUG, d. h. in unseren Gensequenzen für Proteine, die Valin enthalten, kommt sehr oft CUG vor. Das Codon CUA wird eher selten verwendet. Die Strategie ist nun, durch gezielte Veränderung des Virusgenoms häufig verwendete Codons durch selten verwendete Codons zu ersetzen, ohne jedoch die Aminosäure zu verändern. Sofern dies an verschiedenen Stellen gemacht wird, kann die genetische Information der Viren in unseren Zellen zwar noch abgelesen werden und in Protein umgesetzt werden, jedoch mit erheblich niedrigerer Rate. Es wird also nicht das Virus selbst, sondern die Rate der Proteinsynthese verändert (Le Nouën et al. 2019). Allerdings muss virusspezifisch die richtige Mischung aus **Attenuierung** und **Immunogenität** gefunden werden (Meng et al. 2014).

Gemäß aktuellen **WHO** Informationen werden drei Projekte (gerundet 1 %) zu attenuierten Lebendimpfstoffen gegen **COVID-19** verfolgt, wobei alle auf der gezielten Änderung der Codon-Nutzung basieren (WHO 2020a). Ein Kandidat, **COVI-VAC** von Codagenix in Kooperation mit dem Serum Institute of India, befindet sich in der frühen klinischen Phase (Cision PR Newswire 2020). Der Grund für diese nachrangige Berücksichtigung ist, dass man die Virusvermehrung und die genetische Stabilität sehr genau kennen muss. Gerade bei hochpathogenen Viren sind Lebendimpfstoffe besonders risikoreich, da man den Impfstoff gezielt und an einem großen Anteil der Bevölkerung „freilässt". Ein Impfstoff, der durch z. B. Passagen in Zellkultur oder durch gentechnische Methoden in seiner Virulenz abgeschwächt wurde, hat potenziell die Möglichkeit, während der Vermehrung in der geimpften Person seine Virulenz ganz oder teilweise wiederzuerlangen. Dieses Phänomen wird als **„Reversion zur Virulenz"** bezeichnet. Ein Beispiel hierfür sind Fälle von Poliomyelitis nach Impfung mit dem Polio-Lebendimpfstoff (Minor 2015). Aus diesem Grund, also einer sehr seltenen auftretenden Impfstoff-induzierten schweren Erkrankung, wurde z. B. in Deutschland die **Polio-Schluckimpfung** (Lebendimpfstoff) durch einen inaktivierten Impfstoff ersetzt (Zündorf und Dingermann 2017). Dazu kommt das noch häufigere Problem, dass Lebendimpfstoffe u. a. von immungeschwächten Personen und sehr alten Menschen nicht immer gut vertragen werden.

Außerdem ist von einigen Patienten mit schwerem **COVID-19**-Verlauf bekannt ist, dass sich autoreaktive Antikörper bilden können, also Antikörper, die gegen körpereigene Strukturen gerichtet sind (Pharmazeutische Zeitung online 2020), was für den Impfstoff ausgeschlossen werden muss. Deswegen ist es gerade hier besonders wichtig, dass die verschiedenen klinischen Phasen nicht parallel, sondern nacheinander durchlaufen werden. Dies wird auch vom Hersteller von **COVI-VAC** berücksichtigt, der nach Verfügbarkeit der ersten Ergebnisse der klinischen Phase I Mitte 2021 erst später weitere klinische Phasen plant (Cision PR Newswire 2020).

Sofern sich einer der **Lebendimpfstoffe** durchsetzen sollte, könnte ein Vorteil die Wirksamkeit gegen **Virusvarianten** sein. Lebendimpfstoffen besitzen viele verschiedene antigene Strukturen, sog. **Epitope**, gegen die das Immunsystem eine schützende Immunität aufbaut. Deswegen ist das Risiko, dass die Wirksamkeit durch Virusmutationen unterwandert wird, im Durchschnitt geringer.

3.3 Vektorimpfstoffe

Die Risiken von Lebendimpfstoffen haben seit langem die Suche nach Alternativen vorangetrieben. Ein Ansatz, **Vektorimpfstoffe,** zielt darauf, diese Risiken abzustellen bzw. zu minimieren. Bei dieser Technologie möchte man nicht das ganze Virus, sondern nur einen Teil, z. B. das wichtige Spike-Protein von **SARS-CoV-2,** einsetzen. Dafür braucht man ein Transportvehikel, den sog. „Vektor". Diese Vektoren sind selbst Viren, deren Molekularbiologie gut erforscht ist und die keine Krankheit verursachen. Das zusätzliche Protein kann direkt in die Oberfläche des Viruspartikels eingebaut sein oder nur als genetische Sequenz im Virusgenoms schlummern (Vujadinovic und Vellinga 2018). Im zweiten Fall wird das Protein erst durch unsere Körperzellen gebildet, sobald das Vektorvirus in die Zellen eingedrungen ist. Dieser Impfstofftyp wird gezielt am Computer entworfen und anschließend unter Verwendung von **gentechnischen Methoden** im Labor „zusammengebaut". Natürlich müssen diese auch empirisch im Tier und Mensch getestet werden, ob sie sich als Impfstoff eignen, aber das Design des Impfstoffs ist ein sehr gezielter, bewusster Prozess.

Gemäß WHO werden derzeit verschiedene Vektorviren als Impfstoff-Kandidaten geprüft (WHO 2020a). Wir werden hier einige ausgewählte Vektoren kennenlernen, die mit ins Rennen gegen **COVID-19** gegangen sind. Man unterscheidet zwei verschiedene Typen der Vermehrungsfähigkeit (Rauch et al. 2018):

- **Vermehrungsfähige Vektoren:** Diese können sich nach Verabreichung in den ersten infizierten Zellen vermehren und anschließend wieder infektiöse Viruspartikel bilden, die weitere Körperzellen infizieren. Bei jedem Zyklus wird z. B. auch das Spike-Protein gebildet (entweder als einzelnes Protein oder als Teil der Oberfläche des Viruspartikels), welches das Immunsystem aktiviert. Die Vermehrungsrate dieser Vektorviren ist aber so langsam, dass sie keinen Schaden anrichten
- **Vermehrungsunfähige Vektoren:** Die im Impfstoff enthaltenen Viruspartikel können Zellen infizieren. In diesen Zellen werden bestimmte virale Proteine gebildet, die Viren sind aber aufgrund von genetischen Defekten nicht mehr in der Lage, neue infektiöse Viruspartikel zu bilden.

Ein wichtiger Vorteil von **Vektorimpfstoffen** ist, dass sie eine natürliche Infektion teilweise nachspielen und sowohl die Bildung von Antikörpern als auch die zellvermittelte Immunabwehr aktivieren. Ein weiterer positiver Aspekt dieser Technologie ist, dass sie bereits teilweise im Markt erprobt ist. Es gibt ungefähr ein Dutzend zugelassene Vektorimpfstoffe im Veterinärbereich und auch die ersten Impfstoffe im Humanbereich. Hierzu zählt z. B. der erste Impfstoff gegen Ebola, rVSV-ZEBOV, der im Jahre 2019 von der **Europäischen Kommission** die Zulassung erhielt (PEI 2019). Zudem befinden sich derzeit dutzende Projekte zur Prüfung von RNA-Vektorviren gegen verschiedenste Infektionskrankheiten in der präklinischen Phase (Lundstrom 2019).

Es gibt diverse Viren, die als Vektor eingesetzt werden können, wie z. B. **Adenoviren,** das Vesikular Stomatitis Virus (VSV), oder das „Modifizierte Vaccinia Virus Ankara" (MVA). Bei einigen Ansätzen werden Vektorviren auch kombiniert mit antigenpräsentierenden Zellen, die **SARS-CoV-2**-Antigene präsentieren und hierüber das Immunsystem stimulieren. Die verschiedenen Ansätze haben jeweils ihre eigenen Vor- und Nachteile. Adenoviren sind bislang die am häufigsten verwendeten Vektorviren, gemäß WHO basieren die meisten Vektorvirus-Projekte gegen **COVID-19** auf Adenovirus-Vektoren (WHO 2020a). Das liegt u. a. daran, dass die Viruseigenschaften am besten erforscht sind und die **Adenovirus-Vektortechnologie** insgesamt am weitesten fortgeschritten ist. Aus diesem Grund ist es nicht verwunderlich, dass diese Typen mit zu den ersten zugelassenen Vektorimpfstoffen gehören. Ein Nachteil von **Vektorimpfstoffen** könnte eine **vorherige Immunität** gegen einzelne Vektoren sein. Zum Beispiel besitzen 40 – 45 % der Menschen in den USA Antikörper gegen Adenovirus 5, den häufigsten Typ beim Menschen (Saxena et al. 2013). Einige der eingesetzten Vektorviren könnten dadurch vom Immunsystem blockiert werden, bevor sie ihre Wirkung entfalten (Awadasseid et al. 2021). Das muss jedoch noch genauer geklärt werden, da diese

Impfstoffe eine unglaubliche hohe Menge von Viruspartikeln enthalten, die sich auch über eine Vorimmunität „hinwegsetzen" könnten. Im August 2020 erhielt der weltweit erste **COVID-19-Impfstoff** eine Notfallzulassung in Russland. Dieser Vektorimpfstoff, **Gam-COVID-Vac** (oder Sputnik V) genannt, stammt vom Gamaleya Research Institut. Darauf folgte erhebliche Kritik, da kaum Ergebnisse vorlagen, also die Wirksamkeit und Sicherheit öffentlich so gut wie nicht bewertet werden konnte. Im September wurden zunächst Ergebnisse der klinischen Phase I/II öffentlich publiziert, was aber die Kritik nicht abebben ließ (Balakrishnan 2020). In der Zwischenzeit wurden im Januar 2021 sehr gute vorläufige **Wirksamkeitsdaten** von ca. 91,6 % publiziert (Logunov et al. 2021). Der Impfstoff wird in verschiedenen Ländern bereits eingesetzt und auch eine Zulassung in der EU wird angestrebt. Vor dem Hintergrund der im Frühjahr 2021 aufgetretenen Lieferengpässen von Herstellern und auch weiterhin der Möglichkeit, dass wieder Lieferengpässe auftreten, könnte dies neben anderen Kandidaten die **Impfstoffversorgung** sicherstellen. Bei diesem Impfstoff wird eine Kombination aus zwei verschiedenen Adenoviren (rAd5 und rAd26) verwendet, um ein Abblocken der Impfung durch mögliche vorherige Antikörper nach natürlicher Adenovirus-Infektion vorzubeugen. Das ist wichtig, da es regional große Unterschiede in der Seroprävalenz bestimmter Adenoviren existiert, z. B. in Nordamerika und Europa gibt es eine hohe Ad5-Seroprävalenz (Mennechet et al. 2019).

Der **Vektorimpfstoff AZD1222** von der Universität Oxford in Zusammenarbeit mit AstraZeneca war der erste, der in der EU eine bedingte Zulassung erhielt. Der große Vorteil dieses Impfstoffs ist, dass aufgrund der Produktionskapazität große Mengen hergestellt werden können. Außerdem ist der Impfstoff günstiger als **mRNA-Impfstoffe** und lässt sich bei 2 – 8 °C lagern. Aus diesem Grund wurde dieser Impfstoff für die EU als besonders wichtig hinsichtlich der Marktversorgung eingeschätzt. Dieser **Impstoff** zählt mit den anderen Kandidaten zu den großen Hoffnungsträgern, um die **COVID-19-Pandemie** unter Kontrolle zu bekommen. In der Zwischenzeit wurde zusätzlich die gegenüber anderen Impfstoffen niedrigere Wirksamkeit, die zusammengenommen ca. 70 % ergibt, negativ dargestellt. Hier wurde angemerkt, dass dies zu einer Zweiklassengesellschaft führen könnte. Letztlich müssen wir uns die Forderung von Wissenschaft und Politik in Erinnerung rufen. Das Erreichen des wichtigen Etappenziels der **Herdenimmunität** wird bei ca. 70 % gesehen, damit die Verbreitung von **SARS-CoV-2** ausreichend unterbunden werden kann. Sofern wir hypothetisch alle anderen Impfstoffe ausblenden und die gesamte Bevölkerung (wobei Kinder derzeit nicht geimpft werden) mit AZD1222 geimpft wird, würde zumindest theoretisch (da sich nicht alle Erwachsenen impfen lassen werden) in der Gruppe der Erwachse-nen diese notwendige Immunitätsrate von 70 % erzielt werden. Dazu kommt, dass dieser Wirksamkeitswert wirklich gut ist, da er im Durchschnitt höher liegt als bei Influenza-Impfstoffen (Bouvier 2018). Weiter hat AstraZeneca einen großen Vorteil. Die teils widersprüchlichen klinischen Versuche deuten darauf hin, dass ohne Änderung des Produkts selbst (was sehr zeitaufwendig ist) eine Verbesse-rung der **Wirksamkeit** durch Veränderung der Anwendung möglich ist, z. B. wie die bei der Erstapplikation verwendete Dosis. Danaben zeigt auch eine Verlänge-rung des Intervalls zwischen Erst- und Zweitapplikation positive Effekte (Voysey et al. 2021b).

Der Vektorimpfstoff **Ad26.COV2.S** von Janssen (Johnson & Johnson) hat ebenfalls in der EU eine bedingte Zulassung erhalten. Die Wirksamkeit liegt nach Zwischenergebnissen bei 66 % und damit ähnlich wie die des ersten in der EU zugelassenen Vektorimpfstoffs. Ein großer Vorteil ist, dass nur eine Verabreichung notwendig ist. Dies wird bei ausreichender Verfügbarkeit die Impfkampagnen erleichtern und beschleunigen.

Grundsätzlich ist das **Sicherheitsprofil** von **Vektorviren** günstiger einzuschät-zen als von klassischen Lebendimpfstoffen. Ein Sicherheitsaspekt, der vor allem bei DNA-Viren aber immer wieder thematisiert wird, ist das Risiko der zufälligen Einlagerung von Genomteilen von Vektorviren in das **menschliche Genom.** Hier-bei ist es wichtig zu bedenken, dass es sich um ein theoretisches Risiko handelt. Wenn wir das menschliche Genom betrachten, finden sich viele Bruchstücke vira-ler Nukleinsäuren. Insgesamt wird geschätzt, dass 8 % des menschlichen Genoms viralen Ursprungs ist. Diese „Überbleibsel" verschiedener Viren sind Zeitzeu-gen von Millionen Jahren Evolution und haben uns nicht dauerhaft geschädigt. Außerdem sind **Adenoviren** u. a. gängige Erreger von eher milden Erkältungs-erkrankungen beim Menschen. Fast alle Kinder bis zum fünften Lebensjahr, aber auch Erwachsene durchlaufen Adenovirus-Infektionen (Heim 2016). In der kalten Jahreszeit machen Adenovirus-Infektion je nach Region bis zu 5 % der übli-chen Erkältungskrankheiten aus (Heikkinen und Järvinen 2003). Dazu gibt es auch Adenoviren, die jahrelang in Körperzellen (z. B. der Rachentonsillen oder lymphatischen Geweben) persistieren, also jahrelang ihre DNA im Zellkern ver-weilt. Diese persistierenden Infektionen wurden nie bestätigt mit der Auslösung von Tumoren in Verbindung gebracht (Heim 2016). Es gibt einige Viren, die Tumore auslösen können, wie humane Papillomviren, aber Adenoviren werden nicht zu den Viren mit diesen tumorauslösenden Eigenschaften gezählt (Morales-Sánchez und Fuentes-Pananá 2014; Gaglia und Munger 2018). Eigentlich sollte eine zufällige Einlagerung des Genoms sowohl bei Impfungen mit Adenovirus-Vektoren als auch bei natürlichen Adenovirus-Infektionen kein ernstzunehmendes

Problem sein, da die infizierten Zellen Virusprotein bilden und somit selbst Ziel der Attacke des Immunsystems werden, was letztlich zu ihrer Zerstörung führt. Man sollte also dieses theoretische Risiko immer gegen das reale Risiko einer **COVID-19-Erkrankung** inklusive der Langzeitschäden wie bestimmte neurologische Schäden bei **Long -Covid,** die um viele Zehnerpotenzen wahrscheinlicher sind. Bekannt sind dagegen sehr seltene auftretende Nebenwirkungen wie eine Rückenmarksentzündung (Kremer 2020), von der sich die Betroffenen in der Regel erholen. Auch die aktuell aufgetretene leichte Häufung (weniger als ein Fall auf 100.000 geimpfte Personen in Deutschland) von bestimmten Thrombosen beim AstraZeneca-Impfstoff, die in verschiedenen Ländern zu einem vorübergehenden Impfstopp geführt haben, werden sehr genau untersucht. Dabei muss aber auch bedacht werden, dass kein anderer Impfstoff absolut nebenwirkungsfrei ist (Dittmann 2002).

Ein Problem hinsichtlich einer hohen **Impfbereitschaft** ist, wenn sich theoretische Risiken (z. B. Einlagerung der DNA) in den Köpfen von Menschen als hohes Gesundheitsrisiko manifestieren. Dann wird es schwierig, das Vertrauen wieder zu erlangen. Auch bei reinen DNA-Impfstoffen besteht dieses theoretische Risiko, wird aber als sehr gering eingestuft (siehe Abschn. 5.1). Abschließend hilft vielleicht ein Vergleich mit einem anderen Bereich. Airbags dienen im Straßenverkehr als lebensrettende Maßnahme (Analogie Impfung) im Falle eines Unfalls (Analogie COVID-19-Infektion). Trotzdem besteht ein minimalst kleines theoretisches Risiko, dass man aufgrund eines falsch auslösenden Airbags verletzt wird oder stirbt. Würden wir deswegen aus Angst vor diesem theoretischen Risiko den Airbag ausbauen lassen oder nur Autos ohne Airbag kaufen (Analogie sich nicht impfen zu lassen)? Wohl nicht und deswegen sollte auch niemand Angst vor **Vektorimpfstoffen** haben. Es ist zu vermuten, dass dieser Impfstoff-Typ sich in den nächsten Jahren und Jahrzehnten zusammen mit anderen **Impfstofftechnologien** immer weiter durchsetzt und zu einem „Standard-Impfstoff" werden wird.

3.4 Virus-ähnliche Partikel

Anders als bei Vektorimpfstoffen, bei denen ein Virus als Transportvehikel für Sequenzen oder Proteine von **SARS-CoV-2** verwendet wird, basieren **Virusähnliche Partikel** (engl. virus-like particles, **VLPs**) auf der Verabreichung einer leeren virusartigen Hülle, d. h. die Partikel enthalten keine Nukleinsäure (Crisci et al. 2013). Diese Impfstoffe sind daher nicht vermehrungsfähig und können in Körperzellen keine neuen viralen Proteine bilden. Die Proteine aus SARS-CoV-2 sind direkt in die Partikel eingebaut bzw. gebunden, damit eine Immunantwort ausgelöst wird. Es gibt verschiedene Ansätze, von Konstrukten, die eine Lipid-hülle mit eingelagerten Proteinen enthalten bis zu Konstrukten, bei denen sich einzelne Proteine zu einem stabilen Partikel zusammenlagern (Chroboczek et al. 2014; Syomin und Ilyin 2019). Eines der für VLPs häufig eingesetzten Systeme ist das sog. Baculovirus-Expressionssystem. Hierbei bringt man mit gentechnischen Methoden die gewünschten Sequenzen für bestimmte Proteine von **SARS-CoV-2** in das sog. Baculovirus, dass in der Folge in Zellkulturen, z. B. in Bioreaktoren, vermehrt wird. Hierbei werden aber nur die freigesetzten Proteine, die sich zu Partikel zusammenfügen, geerntet und zum Impfstoff verarbeitet (Felberbaum 2015).

Diese Technologie hat in den letzten Jahren einige Erfolge gefeiert. Es gibt ähnlich wie bei Vektorimpfstoffen zugelassene Impfstoffe auf **VLP**-Basis sowohl für Tiere als auch für Menschen (Crisci et al. 2013; Felberbaum 2015). Ein Beispiel sind mehrere Impfstoffe gegen humane Papillomaviren, die auf Haut und Schleimhaut meist gutartige Tumore verursachen, oder ein Hepatitis B-Impfstoff (Mohsen et al. 2017). Der große Vorteil dieses Ansatzes ist seine **Sicherheit,** es werden keine vermehrungsfähigen Viren gebildet, bei gleichzeitiger hoher **Immunogenität.** Die Technologie hat aufgrund Ihrer Charakteristika eine positive Bewertung durch das Paul-Ehrlich-Institut erhalten, welches selbst an weiteren Verbesserungen dieser Technologie forscht (PEI 2018). Es besteht auch die Möglichkeit, VLPs als multivalenten Impfstoff einzusetzen. Diese Art basiert auf Partikeln, die Proteine von verschiedenen Krankheitserregern enthalten. Derzeit wird z. B. die Eignung eines VLP-Impfstoffs gegen mehrere durch Stechmücken übertragene Krankheiten, u. a. Zika und Gelbfieber, geprüft (Garg et al. 2020).

Gemäß **WHO**-Angaben laufen gegen **COVID-19** derzeit knapp 20 Impfstoffprojekte auf **VLP**-Basis und die ersten sind in die klinischen Phasen vorangeschritten (WHO 2020a). Auch wenn diese Technologie bereits unter Beweis gestellt hat, dass sie nicht nur theoretisch, sondern auch praktisch als Impfstoff geeignet ist, kann das nicht für jede Infektionskrankheit verallgemeinert werden. Der am weitesten fortgeschrittene Kandidat **Coronavirus-like Particle COVID-19** der Firma Medicago in Zusammenarbeit mit GSK befindet sich nach guten Ergebnissen der ersten klinischen Phase bereits in der kombinierten Phase 2/3. Eine Besonderheit dieses Ansatzes ist es, dass der Impfstoff in planzlichen Zellen hergestellt wird. Es bleibt zu hoffen, dass diese Projekte erfolgreich abgeschlossen werden und zügig die bestehenden Impfstoffe ergänzen.

Inaktivat-Impfstoffe und rekombinante Protein

4

4.1 Inaktivat-Impfstoffe

Inaktivat-Impfstoffe bilden historisch die zweite große Impfstoffgruppe, sozusagen den Gegenpol zu den attenuierten Lebendimpfstoffe. Beim Inaktivat-Impfstoff wird das Virus zunächst in großen Mengen vermehrt und anschließend inaktiviert, z. B. durch chemische Reagenzien. Die Viren verlieren hierdurch ihre Infektiosität und können sich nicht mehr vermehren. Es werden drei Typen unterschieden (Abb. 4.1).

Je nach Krankheit, sind alle 3 Typen bis heute im Einsatz. Gegen Grippe gibt es z. B. weltweit verschiedenste Impfstofftypen, neben Lebendimpfstoffen auch alle 3 Typen von inaktivierten Impfstoffen. Historisch ist der **inaktivierte Ganzvirus-Impfstoff** der älteste Typ, da dieser mit relativ begrenzten technischen Möglichkeiten hergestellt werden kann. Es müssen jedoch bei der Herstellung hohe Sicherheitsstandards, im Fall von **SARS-CoV-2** die biologische Schutzstufe 3, eingehalten werden. Die Herstellung der **Spaltimpfstoffe** und **Untereinheiten-Impfstoffen** ist durch die zusätzlichen Schritte aufwendiger. Der erste Impfstoff, der auf Untereinheiten basierte, wurde 1981 gegen Hepatitis B zugelassen. Diese 3 Typen haben jeweils gewisse Vorzüge aber auch Nachteile. Der Vorteil von Ganzvirus-Präparationen ist, dass sie verschiedene virale Proteine und Komponenten enthalten. Somit werden dem Immunsystem bei Verabreichung des Impfstoffs verschiedenste **Epitope** (z. B. immunologisch relevante Bereiche von Proteinen) präsentiert, gegen die das Immunsystem eine spezifische Antwort aufbaut. Ganzvirus-Präparationen aktivieren das Immunsystem im Allgemeinen stärker als Spalt- oder Untereinheitenimpfstoffe, zeigen aber auch im Durchschnitt mehr Nebenreaktionen, wie Fieber oder Schwellungen. In Deutschland sind z. B. mehr als 10 verschiedene Influenza-Impfstoffe zugelassen,

© Springer Fachmedien Wiesbaden GmbH, ein Teil von Springer Nature 2021
P. U. B. Vogel, *COVID-19: Suche nach einem Impfstoff*, essentials,
https://doi.org/10.1007/978-3-658-33649-3_4

- **Ganzvirus-Impfstoff**: Hier werden die ganzen Viren inaktiviert. Der Impfstoff enthält vollständige, nicht mehr infektiöse Viruspartikel.

- **Spaltimpfstoffe**: Hier werden die Viren im Anschluss an die Inaktivierung noch zusätzlich aufgeschlossen, d.h. man löst die Membran auf und entfernt bei der Reinigung auch das Innere des Viruspartikels, also das Virusgenom mit den gebundenen Proteinen. Der Impfstoff besteht dann aus Membranfragmenten mit eingelagerten viralen Proteinen.

- **Untereinheiten**: Hier werden die Spaltimpfstoffe noch weiterbearbeitet, d.h. man löst bestimmte wichtige Virusproteine aus der Membran und entfernt die Membranen, wodurch man lösliche Proteine erhält (Untereinheiten-Impfstoffe können auch rekombinant hergestellt werden, siehe Abschn. 4.2.

Abb. 4.1 Übersicht über verschiedene Typen von Inaktivat-Impfstoffen. (Quelle: Erstellt unter Verwendung und Modifikation von Adobe Stock, Dateinr.: 339973957)

von denen alle inaktivierten Typen auf Spalt- oder Untereinheiten basieren (PEI 2020). Auch wenn es innerhalb dieser Typen Unterschiede gibt, ist die resultierende Immunantwort meist schwach. Aus diesem Grund werden dem Impfstoff verstärkende Stoffe, sog. **Adjuvantien**, zugegeben, die eine stimulierende Wirkung auf das Immunsystem haben. Diese Adjuvantien sind meist auf Ölbasis oder Aluminiumsalzen. Diese Impfstoffe werden fast immer **parenteral** verabreicht. Inaktivat-Impfstoffe sind heute Standard gegen viele Infektionskrankheiten, wie z. B. Tetanus, Diphtherie, Polio, Hepatitis A oder Tollwut (Zündorf und Dingermann 2017).

Diese „alte" aber bewährte Technologie hat mit den neueren Technologien einigermaßen Schritt halten können. Bereits früh waren mehrere Kandidaten in der klinischen Phase. Einer der ersten Kandidaten **CoronaVac** von der Firma Sinovac, ein Ganzvirus-Präparat, dass in Zellkulturen vermehrt wird und anschließend inaktiviert und aufgereinigt wird, hat sich sehr früh in präklinischen Versuchen, u. a. an Mäusen und Rhesus-Affen, als sicher, immunogen und wirksam erwiesen (Gao et al. 2020). Der Impfstoff befindet sich in der klinischen Phase-III mit bisherigen Wirksamkeitsdaten von je nach Studie 50–91 % (vfa 2021) und hat in verschiedenen Ländern bereits eine Notfallzulassung erhalten. Ein weiterer fortgeschrittener Kandidat ist z. B. **BBV152** von der Firma Bharat Biotech (Rostad und Anderson 2020). Verschiedene andere Kandidaten befinden sich ebenfalls in fortgeschrittenen klinischen Phase bzw. haben Notfallzulassungen erhalten. Ein Inaktivat-Kandidat für Europa könnte das Produkt **VLA2001** der Firma Valneva werden, wobei eine Zulassung, sofern die nächsten Phasen erfolgreich sind, erst spät in 2021 in Sicht ist (Balfour 2021).

4.2   Rekombinante Proteine (Protein-Untereinheiten)

Die in Abschn. 4.1 vorgestellten **Untereinheiten-Impfstoffe** (in der Folge Proteine genannt) lassen sich neben der Herauslösung aus inaktivierten Viren, auch mit Hilfe von Methoden der Biotechnologie (= rekombinant) herstellen. Hierbei wird die genetische Sequenz für das gewünschte Protein bzw. ein Teil des Proteins in bestimmte DNA-Moleküle, sog. **Plasmide,** eingefügt. Plasmide sind eigenständige genetische Elemente (ringförmige DNA-Moleküle), die sich in Zellen vermehren können. Plasmide werden z. B. auch von Bakterien verwendet, Antibiotika-Resistenzen auszutauschen, was zu multiresistenten Bakterien führen kann. Diese Plasmid-DNA-Moleküle werden nun vermehrt. Dazu bringt man sie z. B. in Zellen wie die klassische Bäckerhefe, *Saccharomyces cerevisae,* oder Bakterien wie *Escherichia coli.* Diese Organismen teilen sich schnell und können in großen Massen, in sog. **Fermentern,** vermehrt werden. Diese Fermenter sind große Tanks, die mit Nährflüssigkeit gefüllt sind und in denen die Wachstumsbedingungen optimal kontrolliert werden können. Die Plasmide werden genauso wie die DNA der Zellen bei jeder Zellteilung auf die Tochterzellen weitergegeben. Am Ende hat man eine große Biomasse an Zellen, die alle Plasmide mit der Information für z. B. das Spike-Protein von **SARS-CoV-2** haben. Anhand der genetischen Information der Plasmide wird in den Zellen dieses rekombinante SARS-CoV-2 Protein gebildet. Nach Beendigung der Fermentation werden die Proteine von den Zellen und anderen Komponenten abgetrennt und gereinigt, und abschließend Adjuvantien zugesetzt. D. h. obwohl der Herstellungsprozess von inaktivierten (Abschn. 4.1) und rekombinanten Proteine absolut unterschiedlich ist, benötigen beide Zusätze, um das Immunsystem ausreichend stark zu aktivieren. Hepatitis B ist ein Beispiel für einen rekombinanten **Proteinimpfstoff,** der regelmäßig am Menschen eingesetzt wird. Ein Vorteil von rekombinant hergestellten Proteinen ist die niedrigere biologische **Sicherheitsstufe,** da das Virus nicht vermehrt werden muss.

Gemäß **WHO** basieren die meisten Impfstoffprojekte gegen **COVID-19,** ca. ein Drittel, auf Protein-Impfstoffen (WHO 2020a). Dies unterstreicht, wie schnell diese etablierten biotechnologischen Verfahren auf neue Viren angewendet werden können. Bereits 20 Kandidaten befinden sich in verschiedenen klinischen Phasen. Einschränkend sei gesagt, dass ein einzelnes Protein nicht notwendigerweise so wirksam gegen eine Erkrankung wie klassische Impfstoffe. Natürlich gibt es bei jedem Virus besonders immunogene Bereiche eines Proteins, Epitope genannt, die ganzheitliche Immunantwort gegen ganze Viren ist aber meist gegen verschiedene Proteine und hier wiederum verschiedene Epitope gerichtet. Rekombinanten Proteine haben daher tendenziell eine niedrigere Immunogenität verglichen mit traditionellen Ganzvirus-Impfstoffen (Karch und Burkhard 2016). Aus diesem Grund sind Verbesserungen in diesem Bereich der Fokus von intensiven Forschungsvorhaben. Eine Möglichkeit, um die Immunogenität von Protein-Impfstoffen zu verbessern, ist die **Nanopartikel-Technologie,** bei der z. B. Nanopartikel mit den Proteinen beschichtet werden (Pati et al. 2018). Die Nachrichten zum ersten in Russland zugelassenen Kandidat **EpiVacCorona,** dem eine Wirksamkeit von 100 % zugeschrieben wird, sind sehr gut, obwohl die Publikation der Daten noch aussteht. Russland hat bereits die Massenproduktion dieses Impfstoffs angekündigt (ärzteblatt.de 2021). Für die EU ist das Produkt NVX-CoV2373 von der Firma Novavax eine weitere Option, das sich in der EU in der Zulassungsphase befindet. Dieser Impfstoff basiert auf einem rekombinant hergestellten Protein mit Zusätzen. Nach sehr guten präklinischen Ergebnissen (Tian et al. 2021) sind auch die Wirksamkeitsdaten aus klinischen Versuchen mit knapp 90 % sehr gut (vfa 2021).

Nukleinsäure-basierte Impfstoffe 5

5.1 DNA-Impfstoffe

Die Erforschung von **DNA-Impfstoffen** begann vor einigen Jahrzehnten. Die Idee dahinter ist, dass man keine vermehrungsfähigen Viren, sondern bestimmte Gensequenzen von ihnen in die Körperzellen schleust. Die Herstellung dieser Impfstoffe weist Parallelen zu den rekombinanten Proteinen auf. Die ausgewählte Sequenz für ein Protein von **SARS-CoV-2** wird in **Plasmide** eingebaut. Diese Plasmide werden nun z. B. in Bakterien geschleust und diese durch **Fermentation** in großen Tanks vermehrt. In den Bakterien selbst vermehren sich die Plasmide wiederum, sodass jede Bakterienzelle mehrere identische Plasmide enthält. Nach Ende der Fermentation werden die Bakterienzellen „aufgeknackt" und die Plasmide „geerntet", und alle anderen Bestandteile (z. B. die Außenhülle der Bakterien, Proteine, sowie die bakterielle RNA und DNA) durch Reinigungsschritte entfernt (Abb. 5.1). Die übrigbleibenden Plasmide werden dann z. B. mit Adjuvans vermischt und in Fläschchen abgefüllt. Trotz einiger Parallelen zu rekombinanten Proteinen wird hier ein anderes Biomolekül geerntet, nicht Protein, sondern DNA. Der Impfstoff enthält mit Ausnahme der Zusätze fast „nackte" DNA, die dem Menschen gespritzt werden bzw. über nadelfreie Systeme verabreicht werden (Rauch et al. 2018).

Wirkungsweise: Die Körperzellen nehmen die Plasmide auf. Anhand der im Plasmid gespeicherten genetischen Information des **SARS-CoV-2** Proteins erfolgt in unseren Körperzellen die normale Genexpression, also von DNA über RNA zum Protein. Während bei rekombinanten Proteinen also direkt Proteinantigene in den Körper gespritzt werden, „zwingt" man bei **DNA-Impfstoffen** die Körperzellen, dieses Virusprotein selbst zu bilden. Da nur ein Teil des Virusgenoms (z. B. ein oder wenige Proteine oder Proteinteile) im Plasmid enthalten ist, kann

© Springer Fachmedien Wiesbaden GmbH, ein Teil von Springer Nature 2021
P. U. B. Vogel, *COVID-19: Suche nach einem Impfstoff*, essentials,
https://doi.org/10.1007/978-3-658-33649-3_5

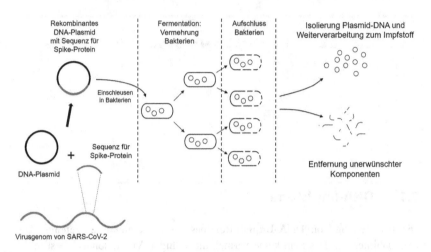

Abb. 5.1 Schematische Darstellung der Konstruktion, Vermehrung und anschließender Aufreinigung eines DNA-Impfstoffs

sich kein vermehrungsfähiges Virus bilden. Auch wenn rekombinanten Proteine und **Plasmid-DNA** zwei unterschiedliche Biomoleküle sind, trifft sich ihr Weg auf der Stufe wieder, wenn z. B. Fresszellen diese Proteinteile (entweder gespritzt oder selbst gebildet) anderen Immunzellen präsentieren und eine **Immunreaktion** auslösen.

Die DNA-Impfstofftechnologie hat sich seit der Anfangsphase stark weiterentwickelt, auch bezüglich der Frage, wie die mangelnde **Immunogenität** durch Adjuvantien verbessert werden kann. **DNA-Impfstoffe** gelten als sehr sicher in der Anwendung, da sie keine vermehrungsfähigen Viren bilden können. In einer großen Zahl von > 100 klinischen Studien wurden keine bedeutsamen schädliche Nebenreaktionen festgestellt (Li und Petrovsky 2016). Es gibt eine Handvoll zugelassene DNA-Impfstoffe beim Tier. So weit so gut, leider ist aber trotz jahrzehntelanger Impfstoffentwicklung noch kein einziger DNA-Humanimpfstoff zugelassen (Porter und Raviprakash 2017). Das mag verwunderlich klingen, obwohl dieser Typ einfach und bequem am Computer entworfen wird, mittels gentechnischer Methoden zusammengebaut und anschließend mit bewährten Verfahren der **Biotechnologie** hergestellt wird.

Ein Blick auf die klinischen Daten zeigt, dass erst noch Schwachstellen gelöst werden müssen, bis **DNA-Impfstoffe** beim Menschen für verschiedene Infektionskrankheiten verfügbar sind. Viele klinische Studien waren überwiegend wegen einer mangelnden **Immunogenität** bzw. **Wirksamkeit** erfolglos (Liu 2019), d. h. die Immunreaktion war entweder gar nicht, zu schwach und nur vorübergehend vorhanden. Ein wichtiger Grund ist die Instabilität der DNA nach Verabreichung. Ein Großteil der DNA wird im Gewebe durch bestimmte Enzyme, sog. **Nukleasen,** abgebaut, bevor sie von den Zellen aufgenommen werden und ihre Wirkung entfalten können. Diese Enzyme kommen in unseren Geweben in großen Mengen vor. Daher ist die Zeit zwischen Injektion des Impfstoffs und Aufnahme durch die Zellen besonders kritisch, ja fast schon ein Wettlauf gegen die Zeit. Dazu kommt, dass einige Zellen nur ungern größere **DNA-Moleküle** aufnehmen. Je weniger Plasmide in die Zellen aufgenommen werden, desto weniger Protein wird gebildet, und je weniger Protein gebildet wird, desto schwächer fällt die Immunantwort aus. Andere Ansätze versuchen, die DNA stabiler zu machen oder die Aufnahme zu beschleunigen bzw. zu verbessern. Insgesamt haben diese Bestrebungen schon zu einer besseren Immunogenität geführt (Suschak et al. 2017). Ein Beispiel ist die Injektion in die Haut und anschließender **Elektroporation.** Hierbei wird mittels eines elektrischen Felds die Zellmembran der Zellen kurzzeitig durchlässiger für Biomoleküle, auch DNA (Li und Petrovsky 2016).

Bei **DNA-Impfstoffen** besteht ein theoretisches Risiko, dass sich die DNA ins Genom des Empfängers dauerhaft einfügt, wobei das Risiko als sehr niedrig eingestuft wurde (Li und Petrovsky 2016). Die Plasmide müssen in den Zellkern gelangen, damit die genetische Information in mRNA übersetzt werden kann und diese Nähe eröffnet die Möglichkeit, dass sich bestimmte Bereiche des Plasmids in das Genom der Körperzelle integrieren. Bezüglich eines DNA-Impfstoffs für Fische hat die norwegische Arzneimittelbehörde diese Frage mit nein beantwortet, d. h. die geimpften Fische gelten nicht als **gentechnisch veränderte Organismen** (GVOs). Das bedeutet in diesem Fall, dass das Risiko des dauerhaften Verbleibs der DNA oder der Einlagerung als nicht relevant eingestuft wurde.

Auch wenn die **DNA-Technologie** eine phänomenale Technik ist, die das Potenzial hat, zusammen mit anderen Technologien die Impfstofflandschaft des 21. Jahrhunderts zu prägen, war zu Beginn abschätzbar, dass sie nicht die ersten Impfstoffe gegen **COVID-19** erbringen werden. Trotzdem ist der Fortschritt überraschend gut. Es sind viele Kandidaten in den klinischen Phasen, u.a auch in der letzten klinischen Phase-III (WHO 2020a). Ganz vorne dabei ist der Impfstoffkandidat **INO-4800** der Firma Inovio Pharmaceuticals, dessen Phase-I Ergebnisse sehr gut waren (Tebas et al. 2021) und jetzt weiter vorangeschritten ist (WHO 2020a). Auch wenn ein Erfolg noch nicht abgeschätzt werden kann, bleibt zu hoffen, dass auch diese Technologie bei COVID-19 endlich den lang ersehnten Durchbruch schaffen.

5.2   mRNA-Impfstoffe

RNA-Impfstoffe sind die neueste der hier beschriebenen Technologien. Die Idee dahinter ist es, nicht DNA, sondern eine andere Nukleinsäure, die Boten- oder messenger Ribonukleinsäure (**mRNA**) einzusetzen. Diese ist die Zwischenstufe bei der Genexpression von DNA, über RNA zum Protein.

Bei dieser Technologie werden zunächst, wie bei den anderen Technologien auch, wichtige Proteine bzw. Proteinteile von **SARS-CoV-2** identifiziert. Die genetische Sequenz für dieses Protein wird dann mittels gentechnischer Methoden in ein **DNA-Plasmid** eingefügt. Anders als bei DNA-Impfstoffen wird hier aber nicht das Plasmid in z. B. Bakterien vermehrt und geerntet. Bei der Herstellung werden mit Hilfe von bestimmten Enzymen, sog. RNA-Polymerasen, anhand der genetischen Information des DNA-Plasmids große Mengen von **mRNA** gebildet. Diese Herstellung läuft in vitro, d. h. außerhalb von lebenden Organismen, quasi im Reagenzglas. Im Anschluss wird die mRNA gereinigt (also DNA, Enzyme und weitere Komponenten entfernt) und zusätzlich modifiziert, um sie stabiler zu machen (Schlake et al. 2012). Diese mRNA wird als Impfstoff in das Gewebe (z. B. unter die Haut oder in den Muskel) gespritzt. Die mRNA wird durch Zellen aufgenommen und anhand der gelieferten genetischen Information das Protein gebildet. Anders als **DNA-Impfstoffe,** die nicht nur in die Zelle, sondern auch in den Zellkern gelangen müssen, reicht mRNA der Eintritt in das Zytoplasma der Zelle, da hier anhand der genetischen Information von mRNA Proteine gebildet werden (Abb. 5.2).

RNA gilt als noch instabiler als DNA und wird ebenfalls schnell durch bestimmte Enzyme, sog. **Ribonukleasen,** zerschnitten. Aus diesem Grund war diese Technologie für die Pharmaindustrie zunächst lange Zeit unattraktiv (Kowalski et al. 2019). Heutzutage gibt es aufgrund technischer Fortschritte die Möglichkeit, die Stabilität von RNA gezielt zu verbessern, z. B. durch chemische Modifikation. Es gibt mittlerweile zwei Typen (Pardi et al. 2018; Kowalski et al. 2019):

- **Nicht replizierende RNA:** Dieser Typ wird bei den meisten Forschungsprojekten, auch zur Entwicklung eines Impfstoffs gegen COVID-19 verfolgt und basiert auf der oben genannten Beschreibung
- **Selbst-replizierende RNA:** Hier sind in der RNA neben der Sequenz für das virale Protein noch Sequenzen für Vermehrungsenzyme enthalten. Diese Enzyme werden nach Einschleusung in die Körperzelle gebildet und vermehren die mRNA, so wie es ein Virus machen würde, das seine RNA in die Zelle

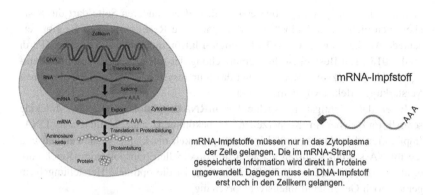

mRNA-Impfstoff

mRNA-Impfstoffe müssen nur in das Zytoplasma
der Zelle gelangen. Die im mRNA-Strang
gespeicherte Information wird direkt in Proteine
umgewandelt. Dagegen muss ein DNA-Impfstoff
erst noch in den Zellkern gelangen.

Abb. 5.2: Schematische Darstellung der Stufen der Genexpression in einer Zelle und die Ansatzstelle von mRNA-Impfstoffen. (Quelle: Erstellt unter Verwendung und Modifikation von Adobe Stock, Dateinr.: 166185134)

schleust und dann viele Kopien mRNA herstellt, damit ausreichend Proteine gebildet werden können.

Ein Vorteil von **mRNA-Impfstoffen** ist die Schnelligkeit, Flexibilität und Anpassungsfähigkeit der Technologie. Dies könnte in Zukunft besonders schnell Impfstoff-Kandidaten gegen neue Infektionskrankheiten hervorbringen. Dieser Typ gilt als sehr sicher. Ein weiterer Vorteil von mRNA-Impfstoffen gegenüber DNA-Impfstoffen ist, dass keine Gefahr besteht, dass sich die Nukleinsäure in das Genom der geimpften Person integriert, da sie nicht in den Zellkern unserer Körperzellen transportiert wird (Schlake et al. 2012). Ein Nachteil könnte die geringe Verweilzeit in der Zelle sein. Die Halbwertszeit von mRNA in Zellen ist vergleichsweise kurz, von wenigen Minuten, über Stunden bis zu einigen Tagen. **mRNA-Impfstoffkandidaten** gelten als **stark immunogen.** Es laufen bereits zahlreiche klinische Studien zur Anwendung für verschiedenste Infektionskrankheiten (Kowalski et al. 2019). RNA selbst hat immunstimulierende Wirkung. Man wünscht sich jedoch nicht, dass sich die Immunreaktion in voller Härte gegen die mRNA richtet, die ins Gewebe gespritzt wird, sondern hauptsächlich gegen die später gebildeten viralen Proteine. Aus diesem Grund muss die Aktivierung des Immunsystem fein balanciert werden muss. Wenn das RNA-Produkt eine zu stark immunstimulierende Wirkung hat, wartet das Immunsystem gar nicht so lange, bis Proteine gebildet werden, sondern die mRNA wird direkt attackiert. Hierdurch wird dann eine geringere Menge virales Protein gebildet, wodurch die

Wirkung des Impfstoffs herabgesetzt wird. Auf der anderen Seite darf die RNA aber auch nicht zu „harmlos" sein, dass gar keine Reaktion erfolgt. Es gibt verschiede Ansätze, sog. **mRNA-Technologie-Plattformen,** dies zu erreichen (Pardi et al. 2018). Ein Beispiel ist die Verabreichung der mRNA zusammen mit „dummy" RNA. Diese zweite RNA soll nur das Immunsystem aktivieren, hat also einen Verstärkungseffekt (**Adjuvans-Effekt).**

Einer der wichtigsten Aspekte bei **mRNA-Impfstoffen** ist, die Moleküle schnell und sicher in Körperzellen zu bekommen, ganz ähnlich wie DNA-Impfstoffen. Ein Ansatz sind **Lipidnanopartikel,** die kleine Vesikel bilden und die mRNA sowohl schützen als auch in Körperzellen transportieren (Reichmuth et al. 2016; Kowalski et al. 2019). Allerdings ist die optimale Herstellungsform gerade noch Gegenstand intensiver Forschung.

Auf den RNA-Impfstoffen lagen in Bezug auf **COVID-19** von Beginn an große Hoffnungen. Ich selbst war sehr skeptisch, da schon vor vielen Jahren die Aussicht gestellt wurde, bald Impfstoffe zu haben (Schlake et al. 2012) und Ende 2019 kein Kandidat die Aussicht hatte, in den nächsten Jahren die Zulassung zu erlangen. Zudem gab es kurz vor der COVID-19-Pandemie in Studien teilweise gemischte Immunogenitätsdaten, weswegen die ersten Wissenschaftler befürchteten, dass RNA-Impfstoffe ein ähnliches Schicksal wie DNA-Impfstoffen drohte (Liu 2019). Umso bemerkenswerter ist der schnelle Erfolg dieser Technologie. Die beiden ersten Kandidaten, **Corminaty** (BNT162b2) von BioNTech/Pfizer und **mRNA-1273** von Moderna, haben beide fast zeitgleich (fast unvorstellbar) beeindruckende Wirksamkeitsdaten vorgelegt. Zum Beispiel wurden für Corminaty bereits in Q3 2020 gute Daten zur **Verträglichkeit, Sicherheit** und **Immunogenität** aus diversen klinischen Studien publiziert (Sahin et al. 2020). Kurz darauf folgten im Dezember die Wirksamkeitsdaten von 95 %. Weiterhin ergab eine 2-monatige Beobachtung der Probanden ein **Sicherheitsprofil,** das mit anderen Impfstoffen vergleichbar ist (Polack et al. 2020). Die Impfstoffe sind grundsätzlich logistisch etwas schwieriger zu handhaben als Vektorimpfstoffe, da sie bei $-70\ °C$ (Corminaty) bzw. $-20\ °C$ (mRNA-1273) zu lagern sind. In diesem Fall wurde diese Schwierigkeit durch die Einrichtung von Impfzentren kompensiert. Ein weiterer beeindruckender Aspekt ist die vorher nicht zu erwartende hohe Wirksamkeit in älteren Personen (Pawelec und McElhaney 2021). Dies zeigt sich auch über die klinischen Studien hinaus z. B. in Israel, die bereits eine hohe Impfquote erreicht haben. Hier wurde auch eine hohe Schutzwirkung nach bereits einer Impfdosis beobachtet (Hunter und Brainard 2021 preprint). Diese beiden Kandidaten werden auch weiterhin erheblich dazu beitragen, die **COVID-19-Pandemie** durch Impfungen unter Kontrolle zu bringen.

Bis jetzt scheinen auch keine Anlaufschwierigkeiten im **pharmazeutischen Prozess** die Lieferfähigkeit maßgeblich zu beeinträchtigen. Dies war nicht ohne weiteres zu erwarten, da keine Erfahrung mit Routine-Produktionen vorhanden war. Dies ist ein Beweis, wie effizient in der Zwischenzeit, parallel zu den klinischen Studien, die Voraussetzungen für die Massenproduktion geschaffen worden. Chapeau! Zusätzlich sind weitere Kandidaten in der Pipeline, wie der Kandidat **CvnCoV** der deutschen Firma CureVac (WHO 2020a).

6.1 Impferfolg im Alter, sterilisierende Immunität, Herdenimmunität und Immunitätsdauer

Bei **COVID-19** gehören vor allem ältere Menschen sowie Menschen mit bestimmten Vorerkrankungen zu den **Hochrisikogruppen,** bei denen eine Infektion zu besonders schweren Verläufen bis hin zum Tod führen kann. Allerdings sind Impfungen bei älteren Personen grundsätzlich eine besondere Herausforderung, da die Aktivität des Immunsystems mit dem Alter abnimmt. Dieser Effekt wird **Immunseneszenz** genannt. Eine zusammenfassende Auswertung von diversen Studien zur **Wirksamkeit** von z. B. Influenza-Impfstoffen ergab eine Wirksamkeit von 17–53 % bei älteren Personen, gegenüber 70–90 % bei jüngeren Menschen (Goodwin et al. 2006). Die Wissenschaft verursacht seit Jahren, Ideen und Ansätze zu entwickeln, um die Wirksamkeit speziell von Influenza-Impfstoffen bei Älteren zu verbessern (Smetana et al. 2018). Aus diesem Grund gibt es ständig technologische Verbesserungen, wie der Verwendung von besseren Adjuvantien, um die Immunantwort zu verbessern. Trotzdem schwanken die Zahlen je nach Impfstoff, Region und Periode. Eine Bewertung der Wirksamkeit von Influenza-Impfungen seit 2005 ergab ebenfalls moderate Werte von bis zu durchschnittlich 60 % (Bouvier 2018). Trotzdem ist es natürlich wichtig, sich regelmäßig gegen Grippe impfen zu lassen.

Aufgrund dieser Situation war zunächst zu befürchten, dass die **Wirksamkeit** von **COVID-19** bei älteren Personen deutlich schlechter ausfallen würde. Aber, ganz im Gegenteil, die Ergebnisse aus den klinischen Studien und seit Beginn der Impfkampagne bezüglich der Wirksamkeit bei Älteren gerade bei den mRNA-Impfstoffen waren nicht beeindruckend, sondern sensationell. Ich persönlich hätte nie mit so einem durchschlagenden Erfolg der Impfstoffe der ersten Generation

© Springer Fachmedien Wiesbaden GmbH, ein Teil von Springer Nature 2021   41
P. U. B. Vogel, *COVID-19: Suche nach einem Impfstoff, essentials,*
https://doi.org/10.1007/978-3-658-33649-3_6

bei älteren Personen gerechnet, da die Pharmafirmen kaum Zeit hatten, optimierte Formulierungen speziell für Ältere zu entwickeln. Genau dieser Erfolg hat auch spezielle Relevanz für den Umgang mit einem weiteren Aspekt der Immunität, nämlich die Frage, ob die Immunität vor einer Infektion schützt oder nur schwere Erkrankungen verhindert. Eine Immunität, die den Erreger abblockt, es also gar nicht mehr zu einer Infektion des Körpers kommen kann, wird **sterilisierende Immunität**. Bei einer nicht-sterilisierenden Immunität wird durch die Impfung eine Erkrankung verhindert, aber nicht, dass bei erneutem Kontakt der Erreger Zellen infizieren und sich für eine gewisse Zeit in der geimpften Person vermehren kann. Ich hatte in der ersten Auflage das Konzept der sterilisierenden Immunität thematisiert, da dies in öffentlichen Debatten völlig fehlte und es in Deutschland gegen Mitte 2020 auch zwischenzeitlich Überlegungen gab, genesenen oder geimpften Personen einen Gesundheitspass auszustellen, d. h. diese als immun und ungefährlich einzustufen. Das hätte dann im schlimmsten Szenario immer wieder zu unerkannten Einträgen des Virus in z. B. Senioreneinrichtungen und damit zu Ausbrüchen führen können. Da nun aber die **Hochrisikogruppen** effektiv gegen **COVID-19** geschützt werden können, ist die Bedeutung dieses Unterschieds deutlich abgeschwächt.

Weiter zielt die gestartete Impfkampagne gegen **COVID-19** darauf ab, eine Herdenimmunität zu erreichen, da hierdurch die starke Ausbreitung einer Krankheit unterbunden werden kann. Die Hoffnung ist, dass hierdurch auf harte Maßnahmen verzichtet werden kann. Die Frage, ob eine Impfung eine **sterilisierende Immunität** hervorruft oder nicht, entscheidet aber nicht darüber, ob mit Impfkampagnen eine **Herdenimmunität** erzielt werden kann, in beiden Fällen ist das Erreichen möglich. Bei COVID-19 könnte die Immunität nicht-sterilisierend sein. Darauf deuten frühere Infektionsversuche mit einem der üblichen **Erkältungs-Coronaviren, 229E.** Hierbei wurden menschliche Probanden mit diesem Virus über die Nase infiziert. Die meisten entwickelten Erkältungssymptome und Antikörper. Die Antikörpertiter sanken innerhalb der ersten 12 Monate deutlich, jedoch waren die Versuchspersonen gegen eine erneute Infektion 12 Monate nach der ersten geschützt. Keiner der Probanden entwickelte Erkältungssymptome, jedoch wurden die Probanden infiziert, und schieden das Virus für einige Tage aus (Callow et al. 1990). Auch wenn aufgrund der starken Anpassung des verwendeten Typs, der seit hunderten Jahren in der menschlichen Population zirkuliert (Graham et al. 2013), nicht 1:1 auf **SARS-CoV-2** verallgemeinert werden kann, wäre dies nicht untypisch. Der Effekt der nicht-sterilisierenden Immunität wird häufig bei Infektionskrankheiten der Atemwege beobachtet, wie z. B. bei Influenza (Bouvier 2018), aber auch bei bakteriellen Erkrankungen wie Keuchhusten (Solans und Locht 2019). Unabhängig davon, ob welche Art die Immunität verleiht, eine Herdenimmunität ist in beiden Fällen möglich, nur dass je nach der Ausprägung anderer Aspekte die Kontrolle einer Infektionskrankheit etwas schwieriger ist, sofern eine nicht-sterilisierende Immunität besteht. Zum Beispiel wurde Keuchhusten sehr gut durch flächige Impfungen kontrolliert. Nachdem einige Länder auf einen sicheren Impfstoff umgestellt haben, der aber unglücklicherweise eine kürze Immunität verleiht, kam es zu zyklischen Keuchhusten-Epidemien in Abständen von ein paar Jahren, weil der Erreger bereits subklinisch in einigen Menschen zirkuliert und dann bei nachlassender Immunität in der Bevölkerung schnell wieder Erkrankungen auslösen kann. Wichtig sind aber auch die Dimensionen. Eine nicht-sterilisierende Immunität bedeutet nicht, dass das Virus in geimpften Populationen genauso zirkuliert wie in nicht geimpften Populationen. Bereits die Versuche mit dem Coronavirus 229E zeigten, dass die Versuchspersonen nach 12 Monaten das Virus deutlich kürzer ausschieden (Callow et al. 1990). Deswegen ist die Gesamtlast der Viruszirkulation in geimpften Populationen deutlich reduziert.

Interessanterweise deuten bei **COVID-19** erste Studien mit den verfügbaren Impfstoffen daraufhin, dass auch Infektionen stark unterbunden werden können. Das mag abhängig sein vom eingesetzten Impfstoff und muss sich auch über einen längeren Zeitraum zeigen. Für eine sterilisierende Immunität sind häufig bestimmte Antikörper, sog. **IgA-Antikörper** verantwortlich. Diese haben z. B. auch bei Influenza je nach Immunisierung im Tiermodell die Möglichkeit, Infektionen zu unterbinden (Bouvier 2018). Diese IgA-Antikörper bauen sich aber häufig innerhalb weniger Monate ab und sind nicht so langanhaltend wie z. B. die IgG-Antikörper, die im Blut und Gewebsflüssigkeiten zu finden sind. Aus diesem Grund wird es wichtig sein, zu zeigen, dass die Unterdrückung von subklinischen Infektionen auch von Dauer ist, wobei dieses Thema, wie bereits erwähnt, aufgrund der hohen Schutzwirkung der **COVID-19-Impfung** bei älteren Personen, etwas an Bedeutung verloren hat, obwohl natürlich eine verstärkte subklinische Zirkulation natürlich auch **Virusmutationen** fördern könnte.

Einige Aspekte von COVID-19, wie die **Dauer der Immunität,** sind noch unklar. Bei **SARS** wurde aufgrund der Analyse des Antikörperverlaufs von SARS-Patienten eine mögliche Immunität von 3 Jahren geschätzt (Wu et al. 2017), obwohl noch unklar ist, ob Antikörper allein ausreichen, die Immunität bewerten zu können. Zudem belegten die damaligen Infektionsversuche mit **229E** einen wirkungsvollen Schutz von mind. einem Jahr, wobei spätere Zeitpunkte nicht überprüft wurden (Callow et al. 1990). Auch die Tatsache, dass die gewöhnlichen Corona-Erkältungsviren in einigen Regionen eine epidemische Häufung im Abstand von 2 – 3 Jahren verursachen (Greenberg 2016), könnte eine Immunität von 2 – 3 Jahre nahelegen, obwohl andere Ursachen auch möglich sind. Für

COVID-19 sind weitere Daten notwendig, jedoch sind derzeitige Einschätzungen nach natürlichen Infektionen positiv. Auf Basis von verschiedenen immunologischen Markern (Antikörper, T-Zellen) wird bei COVID-19 ein Immunschutz von bereits ca. 8 Monate abgeleitet (Reynolds 2021). Dabei muss aber bedacht werden, dass eine Immunität nach Impfung der natürlichen Infektion ähneln, aber auch kürzer ausfallen kann. Das hängt von verschiedenen Faktoren ab. Deswegen wird sehr wichtig sein, die Daten von Probanden klinischer Studien weiter zu verfolgen. Ein positiver Aspekt ist der Zeitpunkt der klinischen Studien. Da die umfangreichen Impfungen im Rahmen von klinischen Studien bereits ab Mitte 2020 erfolgten, wird man im Sommer 2021 in der Lage sein, die vorläufige Dauer der Immunität gut einschätzen zu können. Sofern die Immunität verblassen sollte, hätte man noch genug Zeit, mit **Auffrischungsimpfungen** vor der nächsten Kälteperiode zu beginnen, ohne logistische Problem zu bekommen, da im Spätsommer wahrscheinlich jeder Mensch, der impfbereit ist, seine erste Impfung erhalten haben wird, zumindest in Deutschland. Die Frage, ob sanfte Maßnahmen ausreichen, hängt aber nicht nur von den hier genannten Faktoren ab. Auch **Virusmutationen** haben einen Einfluss darauf, ob bei erreichter Herdenimmunität sanfte Maßnahmen ausreichen werden. In Bezug auf mögliche Auffrischungsimpfungen muss noch geklärt werden, ob verschiedene, auffeinanderfolgende Impfstoffe in Kombination den gleichen Effekt erzielen oder nicht. Speziell bei Vektorimpfstoffen muss in Hinblick auf Auffrischungsimpfungen geprüft werden, ob diese zu einer reduzierten Wirksamkeit führt oder ob die Impfstoffe wiederholt eingesetzt werden können, was wünschenswert wäre. Es sind also noch viele wissenschaftliche Studien und Zeit notwendig, um die Dauer der Immunität nach **COVID-19-Impfung** und andere wichtige Aspekte von **SARS-CoV-2** genauer zu analysieren.

6.2   Virusmutationen

Ein aktuelles Thema, das gegen Ende des Jahres 2020 immer stärkere Aufmerksamkeit gewonnen hat, sind **Mutationen** des Erregers **SARS-CoV-2**. Diese Virusvarianten werden nach dem Ort ihrer Entdeckung häufig allgemein britische, brasilianische oder südafrikanische Variante genannt. Es wird neben einer schelleren Ausbreitung teilweise gefürchtet, dass diese oder neue Varianten die Wirksamkeit der bestehenden Impfstoffe unterlaufen könnten.

Zunächst ein wichtiger Punkt. In jedem infizierten Menschen entstehen **Virusmutationen**. Eine gewöhnliche Infektion mit **SARS-CoV-2** beinhaltet die Infektion von bis zu Millionen körpereigenen Zellen (Sender et al. 2021 preprint).

Bei der Infektion werden die infizierten Zellen in Virusfabriken umprogrammiert, die in der Folge eine große Anzahl von neuen Viruspartikeln freisetzen. Es wird basierend auf anderen Coronaviren geschätzt, dass pro virusinfizierte Zelle ca. 100 neue infektiöse Viruspartikel entstehen (Bar-On et al. 2020). Bei der Vermehrung von Viren entstehen aber viele Fehler. Es werden z. B. falsche Nukleotide in das Virusgenom eingebaut, teilweise gehen aber auch ein Nukleotid oder kurze Sequenzstücke verloren (= Deletion) bzw. werden zusätzlich eingebaut (= Insertion). **RNA-Viren** haben im Allgemeinen keine Kontrolle über die Richtigkeit der Vermehrung ihres Virusgenoms, d. h. Fehler bei der Bildung des RNA-Strangs werden nicht korrigiert, wodurch gerade RNA-Viren, auch im Vergleich zu DNA-Viren, eine sehr hohe Mutationsrate aufweisen (Sanjuán et al. 2010). Coronaviren sind wiederum einzigartig, da sie über eine enzymatische Aktivität (**ExoN**) verfügen, die Fehler in bestimmten Bereichen des **Virusgenoms** korrigiert (de Witt et al. 2016). Für Coronaviren wird eine Substitutionsrate (Ersatz von Nukleotiden durch andere) von 10^{-4} Substitutionen pro Position pro Jahr geschätzt (Ye et al. 2020).

Die **Mutationen** im Virus-Genom sind für das Virus entweder letal (Virus kann sich nicht mehr vermehren), neutral (keine wesentliche Änderung) oder positiv (das Virus erhält eine neue vorteilhafte Eigenschaft). Die meisten Mutationen sind letal, d. h. bestimmte Gene des Virusgenoms sind defekt. Sofern ein Viruspartikel durch eine Mutation einen Vorteil erlangt, z. B. eine schnellere Vermehrung, wird es sich gegenüber den anderen ursprünglichen Viruspartikeln auf Dauer durchsetzen. Obwohl in jedem Menschen **Virusmutationen** entstehen, entstehen diese Virusvarianten mit neuen positiven Eigenschaften nur sehr selten.

Zum Beispiel wurde bei **SARS** durch Sequenzanalysen festgestellt, dass den Virusisolaten von Patienten in einem späteren Stadium der Pandemie gegenüber den Tieren, die in der Ausbruchsregion untersucht wurden, eine **29-Nukleotidsequenz** im Virusgenom fehlte. Die genaue Bedeutung blieb unklar, es gab jedoch verschiedenen Vermutungen, z. B. dass diese Mutation entweder in Tieren entstanden ist und den sog. **Spillover,** also die Übertragung von Tieren auf den Menschen, erst ermöglichte bzw. dass dieser Verlust erst im Menschen passierte, quasi eine Art Anpassung darstellte, die eine effizientere Mensch-zu-Mensch-Übertragung ermöglichte (Kahn und McIntosh 2005). Letztlich zeigten aber spätere Analysen, dass der Verlust dieser 29-Nukleotidsequenz zur Abschwächung des Virus führte, es also ein Nachteil für die Verbreitung des Virus war (Muth et al. 2018).

Die normalen **Erkältungs-Coronaviren** zeigen wenig Neigung zur Veränderung ihrer Eigenschaften, obwohl sie eine gewisse genetische Variabilität aufweisen, wie das Beispiel einer Studie zeigte, in der die Häufigkeit und **genetische Variabilität** dieser Coronaviren in Schulkindern über eine Periode von ca. 1,5 Jahren untersucht wurde (Liu et al. 2017). Dazu wird angenommen, dass in den letzten 50 Jahren verschiedene Varianten in der rezeptor-bindenden Domäne des **Spike-Proteins** sich kontinuierlich ersetzt haben (Wong et al. 2017). Trotzdem ist ihre Eigenschaft, in gesunden Menschen nur milde Erkältungen auszulösen, über Jahrzehnte stabil. Es gibt z. B. nur einen Fall, in dem ein aggressiveres Virus-Isolat des Coronavirus **NL63** gefunden wurde. Aus diesem Grund wird als Dauerregel angenommen, dass Coronaviren durch eine zunehmende Adaption an den Menschen weniger pathogen werden (Ye et al. 2020). SARS-CoV-2 zirkuliert allerdings erst kurz in Menschen. Zum Beispiel wurde eine Virusvariante gefunden, die eine Mutation im Spike-Protein aufwies, die nur eine Aminosäure betraf. Diese Virusvariante zeigte eine erhöhte Pathogenität (Becerra-Flores und Cardozo 2020). Diese Variante, D614G, wurde erstmals im April 2020 entdeckt und hat sich zur weltweit dominierenden Variante entwickelt (Hohmann-Jeddi 2021). Es wurde auch ein Zusammenhang zwischen dem Auftreten von Mutationen und den harten **Lockdown-Maßnahmen** gefunden. Nach anfänglich höheren Mutatationsraten stabilisierten sich in einigen Ländern mit hartem Lockdown die Mutationen auf wenige Positionen (Pachetti et al. 2020), was vermutlich mit der unterdrückten Zirkulation des Virus zusammenhängt.

Es ist bei **Mutationen** aber eher ungewöhnlich, dass sich ein aggressiveres (virulenteres) Isolat durchsetzt, ohne dass es zusätzlich irgendeinen weiteren Vorteil wie z. B. eine bessere Übertragung erwirbt. Nur **pathogenere Varianten** würden im Durchschnitt dazu führen, dass Menschen eher ärztliche Hilfe aufsuchen und verstärkt zur Aufnahme auf Isolier- oder Intensivstationen führen, auf denen sich das medizinische Fachpersonal durch spezielle Berufskleidung vor einer Ansteckung schützt, während durchschnittlich weniger stark kranke Personen (weniger virulentes Isolat) eher weiter am gesellschaftlichen Leben teilnehmen, wo das Übertragungsrisiko auf andere Personen größer ist. Etwas anders ist es bei Infektionskrankheiten, gegen die Impfstoffe eingesetzt werden. Zum Beispiel könnten genetische Veränderung eines Virusisolats dazu führen, dass es sich in nicht-geimpften Personen vor und nach der Mutation gleich verhält, jedoch die Immunität von geimpften Personen unterläuft. Dann ist das Isolat nicht pathogener, hat aber trotzdem einen Vorteil erworben. Das wird z. B. bei **Influenza-Viren** gesehen, deren ständige genetische Veränderung **Antigendrift** genannt wird (Bouvier und Palese 2008). Diese Eigenschaft ist wie oben genannt jedoch kein Prozess, der vorher für Coronaviren als typisch bekannt war. Allerdings gibt es bei Coronaviren noch einen weiteren Mechanismus der genetischen Veränderung, der spontan große Veränderungen mit sich bringen kann. Dieser

Mechanisms wird **Rekombination** genannt und meint den Austausch von genetischen Bereichen des Virusgenoms zwischen zwei verschiedenen Coronaviren, die
sich in der gleichen Zelle vermehren. Diese Art der genetischen Veränderung
wird im Tierreich mit der Entstehung von pathogenen Varianten in Verbindung gebracht, z. B. die Entstehung eines für Hunde pathogenen Coronavirus
durch Rekombination mit einem Schweine-Coronavirus (Ntafis et al. 2011). Bei
der Entstehung neuer **Virusmutanten** ist ist die rezeptor-bindende Domäne des
Spike-Proteins ein wichtiger Bereich. Mit einem rekombinanten **SARS-CoV-2**
Spike-Protein-Konstrukt wurde gezeigt, dass Mutationen u. a. in der rezeptor-
bindenden Domäne zu Escape-Varianten führen kann, die die Wirkung von
neutralisierenden Antikörpern unterwandern (Weisblum et al. 2020).

Die **Varianten,** die derzeit als besorgniserregend eingestuft werden, sind
B.1.1.7, B.1.351 und P.1 sowie weitere Subtypen hiervon. Die sog. **britische
Variante B.1.1.7** weist eine höhere Übertragbarkeit auf (RKI 2021). Diese Variante trägt eine Vielzahl von Mutationen, darunter 8 im Spike-Protein, dass für
die Zellinfektion wichtig ist (Hohmann-Jeddi 2021). Aus diesem Grund wurde
auch mehrfach in Deutschland vor der schnellen Ausbreitung gewarnt und damit
auch u. a. die harten **Lockdown-Maßnahmen** verteidigt. Mittlerweile domi-
niert diese Variante auch in Deutschland. Allerdings sieht es danach aus, als
ob sie nicht die derzeitigen Impfstoffe völlig unterwandert, da mit den mRNA-
Impfstoffen schwere Krankheitsverläufe verhindert werden können. Auch der
erste in Deutschland zugelassene Vektorimpfstoff schützt scheinbar wirksam
vor dieser Variante (Bäuerle 2021). Aus B.1.1.7 hat sich jedoch eine Subform
gebildet, die in vitro durch Antikörper schlechter neutralisiert wird. Die **südafrikanische Variante B.1.351** verbreitet sich ebenfalls schneller aus und es
gibt Hinweise, dass eine Immunität oder Impfung nicht gegen diese Variante
schützt. Die **brasilianische Variante P.1** könnte auch Vorteile bei der Übertragung
sowie das Vermögen haben, die Neutralisierung durch bestehende Antikörper zu
unterlaufen (RKI 2021).

Die Entwicklung in den nächsten Monaten ist kaum vorhersehbar, d. h. es
könnten theoretisch **Virusmutationen** entstehen, die die Wirksamkeit der ersten Impfstoffe unterlaufen. Langfristig vermute ich, dass wir uns keine Sorgen
machen müssen, später Jahr für Jahr oder mehrfach pro Jahr neue **Varianten** zu
sehen, gegen die keiner der zugelassenen Impfstoffe mehr wirkt. Es sind verschiedene neue Impfstoffe auf dem Weg, in Europa und weltweit die Zulassung
zu erhalten. Das bestehende Sortiment an Impfstoffen wird somit nach und nach
erweitert werden, inklusive ganz verschiedener Typen und basierend auf verschiedenen antigenen Strukturen (über 200 Projekte in der Pipeline). Dadurch wird es
für das Virus immer schwieriger **Escape-Mutanten** zu bilden, gegen die kein

Impfstoff wirkt. Auch Viren sind Grenzen gesetzt, eine unendliche Variation des **Spike-Proteins** ist eher unwahrscheinlich, da es vielfach nicht mehr zum Rezeptor passen würde.

Zusammenfassung und Ausblick 7

Die **COVID-19-Pandemie** ist vom Ausmaß und der Dauer beispiellos. Die gesundheitlichen, sozialen und wirtschaftlichen Auswirkungen waren und sind immer noch erheblich. Die harten Maßnahmen, u. a. Lockdowns im Frühjahr 2020 und in der Winterperiode 2020/2021 waren notwendig, um zu verhindern, dass sich **COVID-19** nach der Spanischen Grippe vermutlich zum zweittödlichsten Ereignis der Menschheitsgeschichte entwickelt (Vogel und Schaub 2021). Trotzdem ist es für viele Unternehmen aus diversen Wirtschaftszweigen, trotz der staatlichen Unterstützung, auf Dauer nicht möglich, die harten Maßnahmen ohne immensen dauerhaften Schaden zu überstehen. Aus diesem Grund ist der Einsatz von Impfstoffen das wichtigste präventive Mittel, um zu einer wie auch immer gearteten Normalität zurückzukehren. Die Leistung von Wissenschaft und Pharmaindustrie, unterstützt von Regierungen, Institutionen und den Zulassungsbehörden, innerhalb von weniger als 12 Monaten einen Impfstoff zu entwickeln, im Rahmen groß angelegter klinischer Studien auf Eignung zu prüfen, zuzulassen, in die Massenproduktion zu gehen und auszuliefern, ist eigentlich nur eins – sensationell! Auch wenn COVID-19 als eine der schlimmsten **Pandemien** in die Geschichte eingehen wird, wird genauso diese beispiellose Erfolgsgeschichte der Impfstoffentwicklung nicht vergessen bleiben. Es würde mich nicht wundern, wenn dies nachträglich mit einem **Nobelpreis** gewürdigt werden würde.

Die aktuellen Zahlen, u. a. die ersten **Impfstoffzulassungen** und die steigende Impfquote, aber auch die Aussicht auf weitere Zulassungen von neuen Impfstoffen, sind sehr ermutigend. Die stark sinkenden Infektionszahlen in Ländern, die besonders weit mit Impfungen sind, wie die USA, Großbritannien oder Israel zeigen, welchen Effekt diese Impfkampagnen haben. Dazu kommt der Sommer 2021, in dem die Infektionszahlen von Erkältungskrankheiten gewöhnlich zurückgehen. In Kombination ist ein wahrscheinliches Szenario, dass die harten Maßnahmen im Verlauf des Frühlings bzw. zu Beginn des Sommers schrittweise reduziert

© Springer Fachmedien Wiesbaden GmbH, ein Teil von Springer Nature 2021 49
P. U. B. Vogel, *COVID-19: Suche nach einem Impfstoff*, essentials,
https://doi.org/10.1007/978-3-658-33649-3_7

werden und wir in der nächsten Kälteperiode 2021/2022 höchstens mit sanften Maßnahmen wie Abstandhalten, Mund-Nase-Bedeckung, Hygiene und dem
zielgerichteten Einsatz von diagnostischen Tests auskommen werden. Auf den
Ausgang werden aber auch mögliche neue **Virusvarianten** Einfluss haben, deren
Entstehung und das Vermögen eventuell die Wirksamkeit bestehender Impfstoffe
zu unterwanden, nicht vorhergesagt werden kann. Wichtig wird es auch sein,
die **Sicherheit** der Impfstoffe für Kinder nachzuweisen, da im Hinblick auf die
Anwendung von sanften Maßnahmen auch geöffnete Kindergärten und Schulen
eine Voraussetzung sind.

Es gibt diverse Faktoren, die auf das Erreichen des Ziels der „Normalität"
Einfluss haben können. Die **Impfstoffversorgung** spielt dabei eine große Rolle.
Die Impfstoffmengen, die bis zum Herbst 2021 in Aussicht gestellt bzw. zugesi-
chert wurden, werden reichen, um zumindest in Deutschland allen impfbereiten
Menschen eine Impfung anzubieten. Jedoch gibt es einige Unsicherheitsfaktoren.
Bereits kurz nach Zulassung kam es bei einigen Herstellern zum vorübergehenden
Ausfall von Produktionslinien. Ein Ausfall von zugesagten Impfstofflieferungen
kann verschiedene Gründe haben, vom Ausfall von Anlagen, Knappheit von benö-
tigten Ausgangsmaterialien, Überschreitungen von zulässigen Grenzwerten bei
Kampagnenproduktionen, unerwartet niedrigen Ausbeuten von Zwischenstufen,
und viele weitere sind möglich. Die vorübergehende Lieferunfähigkeit tritt auch
bei anderen Impfstoffen hin und wieder auf und wäre nicht ungewöhnlich, gerade,
da die Herstellung auf Hochtouren läuft. Derzeit werden die Produktionskapazi-
täten weiter erhöht, was sehr wichtig ist. Dazu wird es sehr wichtig, dass
bestehende Angebot durch weitere **Impfstoffzulassungen** zu erweitern, um ggfs.
Lieferengpässe zu vermeiden bzw. zu kompensieren sowie, vor dem Hintergrund
neuer **Virusvarianten,** ein breites Impfstoff-Arsenal zur Verfügung zu haben.
Aber auch die **Dauer der Immunität** ist wichtig und muss sich erst noch zeigen.

Natürlich spielt auch die **Impfbereitschaft** in der Bevölkerung eine wichtige
Rolle, die sich in Deutschland gemäß Umfragen in die richtige Richtung bewegt.
Mit jedem Monat, in dem die weltweite Anzahl von geimpften Menschen steigt,
ohne dass erhebliche auf den Impfstoff zurückführbare **Nebenwirkungen** bekannt
werden, wird das Vertrauen in die Impfstoffe weiter steigen. Genau dieser Punkt
ist bereits jetzt gut abschätzbar, da weltweit fast 400 Mio. Menschen eine Impfung
erhalten haben, ohne dass die Raten von Nebenwirkungen von den Behörden als
ungewöhnlich eingeschätzt wurden. Allerdings kann es auch zukünftig zu vorübergehenden Stopps einzelner Impfstoffe bzw. Impfstoffchargen kommen, um
gewisse Sicherheitsaspekte genauer zu prüfen.

Was sie aus diesem *essential* mitnehmen können

- Neue Viren mit hoher gesundheitlicher Relevanz stellen eine enorme Herausforderung für die Gesundheitssysteme und die pharmazeutische Industrie dar.
- Neuere Technologien bieten die Möglichkeit, die Entwicklungszeiten von Impfstoffen zu verkürzen und haben bei COVID-19 einen Durchbruch erzielt.
- Eine schnelle Zulassung von Impfstoffen ist bei Pandemien notwendig, birgt aber auch Risiken.
- Ein herausragender Aspekt ist die Eignung der Impfstoffe für Hochrisikogruppen.

© Springer Fachmedien Wiesbaden GmbH, ein Teil von Springer Nature 2021
P. U. B. Vogel, *COVID-19: Suche nach einem Impfstoff,* essentials,
https://doi.org/10.1007/978-3-658-33649-3

Literatur

Aps LRMM, Piantola MAF, Pereira SA et al (2018) Adverse events of vaccines and the consequences of non-vaccination: a critical review. Rev Saude Publica 52:40. https://doi. org/10.11606/s1518-8787.2018052000384

ärzteblatt.de (2021) Russland kündigt Massenproduktion von zweitem Impfstoff an. https:// www.aerzteblatt.de/nachrichten/120547/Russland-kuendigt-Massenproduktion-von-zwe item-Impfstoff-an. Zugegriffen: 25. Feb. 2021

Awadasseid A, Wu Y, Tanaka Y et al (2021) Current advances in the development of SARS-CoV-2 vaccines. Int J Biol Sci 17:8–19. https://doi.org/10.7150/ijbs.52569

Bar-On YM, Flamholz A, Phillips R et al (2020) SARS-CoV-2 (COVID-19) by the numbers. Elife 9:e57309. https://doi.org/10.7554/eLife.57309

Bärle A (2021) Analyse des RKI Coronavirus-Varianten breiten sich aus. ÄrzteZeitung. 08.02.2021. https://www.aerztezeitung.de/Nachrichten/Coronavirus-Varianten-bre iten-sich-weiter-aus-416929.html. Zugegriffen: 15. Feb. 2021

Balfour H (2021) Valneva may provide Europe with the only inactivated virus vaccine for COVID-19. https://www.europeanpharmaceuticalreview.com/news/139688/valneva-may-provide-europe-with-the-only-inactivated-virus-vaccine-for-covid-19/. Zugegriffen: 25. Feb. 2021

Banerjee A, Kulcsar K, Misra V et al (2019) Bats and coronaviruses. Viruses 11:41. https:// doi.org/10.3390/v11010041

Becerra-Flores M, Cardozo T (2020) SARS-CoV-2 viral spike G614 mutation exhibits higher case fatality rate. Int J Clin Pract 74:e13525. https://doi.org/10.1111/ijcp.13525

Bijlenga G, Cook JKA, Gelb J Jr et al (2004) Development and use of the H strain of avian infectious bronchitis virus from the Netherlands as a vaccine: a review. Avian Pathol 33:550–557. https://doi.org/10.1080/03079450400013154

Bouvier NM, Palese P (2008) The biology of influenza viruses. Vaccine 4:D49-53. https:// doi.org/10.1016/j.vaccine.2008.07.039

Bouvier NM (2018) The future of influenza vaccines: a historical and clinical perspective. Vaccines 6:58. https://doi.org/10.3390/vaccines6030058

Callow KA, Parry HF, Sergeant M, Tyrrell DA (1990) The time course of the immune response to experimental coronavirus infection of man. Epidemiol Infect 105:435–446. https://doi. org/10.1017/s0950268800048019d

CDC (2014) Global health security: immunization. https://www.cdc.gov/globalhealth/sec urity/immunization.htm. Zugegriffen: 20. Feb. 2021

© Springer Fachmedien Wiesbaden GmbH, ein Teil von Springer Nature 2021
P. U. B. Vogel, *COVID-19: Suche nach einem Impfstoff,* essentials,
https://doi.org/10.1007/978-3-658-33649-3

CDC (2021) Allergic reactions including anaphylaxis after receipt of the first dose of Pfizer-BioNTech COVID-19 vaccine – Unites States, December 14–23, 2020. MMWR Morb Mortal Wkly Rep 70:46–51. https://doi.org/10.15585/mmwr.mm7002e1

Chan-Yeung M, Xu RH (2003) SARS: epidemiology. Respirology 8:9–14. https://doi.org/10.1046/j.1440-1843.2003.00518.x

Chroboczek J, Szurgot I, Szolajska E (2014) Virus-like particles as vaccine. Acta Biochim Pol 61:531–539

Cision PR Newswire (2020) Codagenix and Serum Institute of India Initiate Dosing in Phase 1 Trial of COVI-VAC, a Single Dose, Intranasal, Live Attenuated Vaccine for COVID-19. https://www.prnewswire.com/news-releases/codagenix-and-serum-institute-of-india-initiate-dosing-in-phase-1-trial-of-covi-vac-a-single-dose-intranasal-live-attenuated-vaccine-for-covid-19-301203130.html. Zugegriffen: 21. Jan. 2021

Corman VM, Muth D, Niemeyer D et al (2018) Hosts and sources of endemic human coronaviruses. Adv Virus Res 100:163–188. https://doi.org/10.1016/bs.aivir.2018.01.001

Crisci E, Bárcena J, Montoya M (2013) Virus-like particle-based vaccines for animal viral infections. Immunologia 32:102–116. https://doi.org/10.1016/j.inmuno.2012.08.002

CSSE (2021) Coronavirus 2019-nCoV global cases by Johns Hopkins CSSE. https://gisand data.maps.arcgis.com/apps/opsdashboard/index.html#/bda7594740fd40299423467b48e 9ecf6. Zugegriffen: 18. Mär. 2021

D'alò GL, E, Zorzoli, A, Capanna et al (2017) Frequently asked questions on seven rare adverse events following immunization. J Prev Med Hyg 58:E13–E26

de Wit E, van Doremalen N, Falzarano D et al (2016) SARS and MERS: recent insights into emerging coronaviruses. Nat Rev Microbiol 14:523–534. https://doi.org/10.1038/nrmicro.2016.81

Dittmann S (2002) Risiko des Impfens und das noch größere Risiko, nicht geimpft zu sein. Bundesgesundheitsbl – Gesundheitsforsch – Gesundheitsschutz 45:316–322. Springer. https://www.rki.de/DE/Content/Infekt/Impfen/Bedeutung/Downloads/Dittmann_Ris iko.pdf?__blob=publicationFile. Zugegriffen: 22. Feb. 2021

Drosten C, Günther S, Preiser W et al (2003) Identification of a novel coronavirus in patients with severe acute respiratory syndrome. N Engl J Med 348:1967–1976. https://doi.org/10.1056/NEJMoa030747

Fehr AR, Perlman S (2015) Coronaviruses: an overview of their replication and pathogenesis. Methods Mol Biol 1282:1–23. https://doi.org/10.1007/978-1-4939-2438-7_1

Felberbaum RS (2015) The baculovirus expression vector system: a commercial manufacturing platform for viral vaccines and gene therapy vectors. Biotechnol J 10:702–714. https://doi.org/10.1002/biot.201400438

Gaglia MM, Munger K (2018) More than just oncogenes: mechanims of tumorigenesis by human viruses. Curr Opin Virol 32:48–59. https://doi.org/10.1016/j.coviro.2018.09.003

Gao Q, Bao L, Mao H et al (2020) Rapid development of an inactivated vaccine candidate for SARS-CoV-2. Science 6:eabc1932. https://doi.org/10.1126/science.abc1932

Garg H, Mehmetoglu-Gurbuz T, Joshi A (2020) Virus like particles (VLP) as multivalent vaccine candidate against Chikungunya, Japanese Encephalitis, Yellow Fever and Zika virus. Sci Rep 10:4017. https://doi.org/10.1038/s41598-020-61103-1

Gerdts V, Zakhartchouk A (2017) Vaccines for porcine epidemic diarrhea virus and other swine coronaviruses. Vet Microbiol 206:45–51. https://doi.org/10.1016/j.vetmic.2016.11.029

Goodwin K, Viboud C, Simonsen L (2006) Antibody response to influenza vaccination in the elderly: a quantitative review. Vaccine 24:1159–1169. https://doi.org/10.1016/j.vaccine. 2005.08.105

Graham RL, Donaldson EF, Baric RS (2013) A decade after SARS: strategies for controlling emerging coronaviruses. Nat Rev Microbiol 11:836–848. https://doi.org/10.1038/nrmicr o3143

Greenberg SB (2016) Update on human rhinovirus and coronavirus infections. Semin Respir Crit Care Med 37:555–571. https://doi.org/10.1055/s-0036-1584797

Halstead SB (2018) Which Dengue vaccine approach is the most promising, and should we be concerned about enhanced disease after vaccination? There is only one true winner. Cold Spring Harb Perspect Biol 10:a30700. https://doi.org/10.1101/cshperspect.a030700

Halstead SB, Katzelnick L (2020) COVID-19 vaccines: should we fear ADE? J Infect Dis 222:1946–1950. https://doi.org/10.1093/infdis/jiaa518

Hamilton K, Visser D, Evans B et al (2015) Identifying and reducing remaining stocks of rinderpest virus. Emerg Infect Dis 21:2117–2121. https://doi.org/10.3201/eid2112.150227

Hampton LM, Aggarwal R, Evans SJW et al (2021) General determination of causation between COVID-19 vaccines and possible adverse events. Vaccine 39:1478–1480. https:// doi.org/10.1016/j.vaccine.2021.01.057

Heikkinen T, Järvinen A (2003) The common cold. Lancet 361:51–59. https://doi.org/10. 1016/S0140-6736(03)12162-9

Heim A (2016) Adenoviren. In: Suerbaum S et al (ed) Medizinische Mikrobiologie und Infektiologie. Springer, Heidelberg. https://doi.org/10.1007/978-3-662-48678-8_70

Hohmann-Jeddi C (2021) SARS-Coronavirus-2 Virusvarianten im Überblick. Pharmazeutische Zeitung online. 20.02.2021. https://www.pharmazeutische-zeitung.de/virusvari anten-im-ueberblick-123903/. Zugegriffen: 22. Feb. 2021

Hunter PR, Brainard J (2021) Estimating the effectiveness of the Pfizer COVID-19 BNT162b2 vaccine after a single dose. A reanalysis of a study of 'real-world' vaccination outcomes from Israel. MedRxiv XY. https://doi.org/10.1101/2021.02.01.21250957

Kahn JS, McIntosh K (2005) History and recent advances in coronavirus discovery. Pediatr Infect Dis J 24:223–227. https://doi.org/10.1097/01.inf.0000188166.17324.60

Karch CP, Burkhard P (2016) Vaccine technologies: from whole organisms to rationally designed protein assemblies. Biochem Pharmacol 120:1–14. https://doi.org/10.1016/j.bcp. 2016.05.001

Kim JHK, Marks F, Clemens JD (2021) Looking beyond COVID-19 vaccine phase 3 trials. Nat Med 27:205–211. https://doi.org/10.1038/s41591-021-01230-y

Kim JH, Marks F, Clemens JD (2021) Looking beyond COVID-19 vaccine phase 3 trials. Nat Med 27:205–211. https://doi.org/10.1038/s41591-021-01230-y

Knoll MD, Wonodi C (2021) Oxford-AstraZeneca COVID-19 vaccine efficacy. Lancet 397:72–74. https://doi.org/10.1016/S0140-6736(20)32623-4

Kowalski PS, Rudra A, Miao L et al (2019) Delivering the messenger: advances in technologies for therapeutic mRNA delivery. Mol Ther 27:710–728. https://doi.org/10.1016/j.ymthe. 2019.02.012

Kremer EJ (2020) Pros and cons of adenovirus-based SARS-CoV-2 vaccines. Mol Ther 28:2303–2304. https://doi.org/10.1016/j.ymthe.2020.10.002

Lambert PH, Ambrosino DM, Andersen SR et al (2020) Consensus summary report for CEPI/BC March 12–13, 2020 meeting: assessment of risk of disease enhancement with COVID-19 vaccines. Vaccine 38:4783–4791. https://doi.org/10.1016/j.vaccine.2020. 05.064

Le Nouën C, Collins PL, Buchholz UJ (2019) Attenuation of human respiratory viruses by synonymous genome recoding. Front Immunol 10:1250. https://doi.org/10.3389/fimmu. 2019.01250

Li L, Petrovsky N (2016) Molecular mechanisms for enhanced DNA vaccine immunogenicity. Expert Rev Vaccines 15d:313–329. https://doi.org/10.1586/14760584.2016.1124762

Li X, Zai J, Wang X, Li Y (2020) Potential of large "first generation" human-to-human transmission of 2019-ncoV. J Med Virol 92:448–454. https://doi.org/10.1002/jmv.25693

Liu MA (2019) A comparison of plasmid DNA and mRNA as vaccine technologies. Vaccines (Basel) 7:37. https://doi.org/10.3390/vaccines7020037

Liu P, Shi L, Zhang W, He J, Liu C et al. (2017) Prevalence and genetic diversity analysis of human coronaviruses among cross-border children. Virol J 14:230. https://doi.org/10. 1186/s12985-017-0896-0

Logunov DY, Dolzhikova IV, Shcheblyakov DV et al (2021) Safety and efficacy of an rAd26 and rAd5 vector-based heterologous prime-boost COVID-19 vaccine: an interim analysis of a randomised controlled phase 3 trial in Russia. Lancet 397:671–681. https://doi.org/ 10.1016/S0140-6736(21)00234-8

Lundstrom K (2019) RNA viruses as tools in gene therapy and vaccine development. Genes (Basel) 10:189. https://doi.org/10.3390/genes10030189

Masters PS (2006) The molecular biology of coronaviruses. Adv Virus Res 66:193–292. https://doi.org/10.1016/S0065-3527(06)66005-3

Meng J, Lee S, Hotard AL et al. (2014) Refining the balance of attenuation and immunogenicity of respiratory syncytial virus by targeted codon deoptimization of virulence genes. mBio 5:e01704–14. https://doi.org/10.1128/mBio.01704-14

Mennechet FJD, Paris O, Ouoba AR et al (2019) A review of 65 years of human adenovirus seroprevalence. Expert Rev Vaccines 18:597–613. https://doi.org/10.1080/14760584. 2019.1588113

Mercado NB, Zahn R, Wegmann F et al (2020) Single-shot Ad26 vaccine protects against SARS-CoV-2 in rhesus macaques. Nature 586:583–588. https://doi.org/10.1038/s41586-020-2607-z

Minor PD (2015) Live attenuated vaccines: historical successes and current challenges. Virology 479–480:379–392. https://doi.org/10.1016/j.virol.2015.03.032

Mohsen MO, Zha L, Cabral-Miranda G et al (2017) Major findings and recent advances in virus-like particle (VLP)-based vaccines. Semin Immunol 34:123–132. https://doi.org/10. 1016/j.smim.2017.08.014

Morales-Sánchez A, Fuentes-Pananá EM (2014) Human viruses and cancer. Viruses 6:4047-4079. https://doi.org/10.3390/v6104047

Müller U, Vogel P, Alber G et al (2008) The innate immune system of mammals and insects. In: Egesten A, Schmidt A, Herwald H (eds) Contributions to Microbiology, Vol. 15, Karger, Basel, 21–44. https://doi.org/10.1159/000135684

Muth D, Corman VM, Roth H et al (2018) Attenuation of replication by a 29 nucleotide deletion in SARS-coronavirus acquired during the early stages of human-to-human transmission. Sci Rep 8:15177. https://doi.org/10.1038/s41598-018-33487-8

Ntafis V, Mari V, Decaro N, M, Papanastassopoulou, N, Papaioannou et al (2011) Isolation, tissue distribution and molecular characterization of two recombinant canine coronavirus strains. Vet Microbiol 151:238–244. https://doi.org/10.1016/j.vetmic.2011.03.008

OIE (2000) Chapter 2.3.2: Avian infectious bronchitis. https://www.oie.int/fileadmin/Home/eng/Health_standards/tahm/2.03.02_AIB.pdf. Zugegriffen: 30. Juni 2020

Pachetti M, Marini B, Giudici F et al. (2020) Impact of lockdown on Covid-19 case fatality rate and viral mutations spread in 7 countries in Europe and North America. J Transl Med 18:338. https://doi.org/10.1186/s12967-020-02501-x

Pardi N, Hogan MJ, Porter FW et al (2018) mRNA vaccines – a new era in vaccinology. Nat Rev Drug Discov 17:261–279. https://doi.org/10.1038/nrd.2017.243

Pati R, Shevtsov M, Sonawane A (2018) Nanoparticle vaccines against infectious diseases. Front Immunol 9:2224. https://doi.org/10.3389/fimmu.2018.02224

Pawelec G, McElhaney J (2021) Unanticipated efficacy of SARS-CoV-2 vaccination in older adults. Immun Ageing 18:7. https://doi.org/10.1186/s12979-021-00219-y

PEI (2018) Press release: Modular virus-like particles as vaccine platform. https://www.pei.de/EN/newsroom/press-releases/year/2018/09-modular-virus-like-particles-as-vaccine-platform.html. Zugegriffen: 24. Feb. 2021

PEI (2019) Weltweit erster Ebola-Impfstoff zugelassen. https://www.pei.de/DE/newsroom/hp-meldungen/2019/191113-erster-impfstoff-schutz-vor-ebola-zulassung-in-eu.html. Zugegriffen: 30. Juni 2020

PEI (2020) Influenza-Impfstoffe (alle Zulassungen). https://www.pei.de/DE/arzneimittel/impfstoffe/influenza-grippe/influenza-node.html. Zugegriffen: 30. Juni 2020

PEI (2021) Verdachtsfälle von Nebenwirkungen und Impfkomplikationen nach Impfung zum Schutz vor COVID-19. https://www.pei.de/SharedDocs/Downloads/DE/newsroom/dossiers/sicherheitsberichte/sicherheitsbericht-27-12-bis-12-02-21.pdf?__blob=publicationFile&v=7. Zugegriffen: 25. Feb. 2021

Pfleiderer M, Wichmann O (2015) Von der Zulassung von Impfstoffen zur Empfehlung durch die Ständige Impfkommission in Deutschland. Bundesgesundheitsbl 08.01.2015. https://doi.org/10.1007/s00103-014-2109-y

Pharmazeutische Zeitung online (2020) Autoantikörper an COVID-19 Pathologie beteiligt. https://www.pharmazeutische-zeitung.de/weitere-infos/impressum/. Zugegriffen: 25. Jan. 2021

Piedimonte G, Perez MK (2014) Respiratory syncytial virus infection and bronchiolitis. Pediatr Rev 35:519–530. https://doi.org/10.1542/pir.35-12-519

Polack FP, Thomas SJ, Kitchin N et al (2020) Safety and efficacy of the BNT162b2 mRNA Covid-19 vaccine. N Engl J Med 383:2603–2615. https://doi.org/10.1056/NEJMoa2034577

Porter KR, Raviprakash K (2017) DNA vaccine delivery and improved immunogenicity. Curr Issues Mol Biol 22:129–138. https://doi.org/10.21775/cimb.022.129

Prestel J, Volkers P, Mentzer D et al. (2014) risk Risk of Guillain–Barré syndrome following pandemic influenza A(H1N1) 2009 vaccination in Germany. Pharmacoepidemiology and Drug Safety 23:1192–1204; https://onlinelibrary.wiley.com/doi/epdf/10.1002/pds.3638. Zugegriffen: 22. Feb. 2021

Ramakrishnan S, Kappala D (2019) Avian infectious bronchitis virus. In: Malik YS, Singh RK, Yadav MP (eds) Recent advances in animal virology. 1st ed. Springer, Singapore, 301–319. https://doi.org/10.1007/978-981-13-9073-9_16

Rauch S, Jasny E, Schmidt KE et al. (2018) New vaccine technologies to combat outbreak situations. Front Immunol 9:1963. https://doi.org/10.3389/fimmu.2018.01963

Reichmuth AM, Oberli MA, Jaklenec A et al (2016) mRNA vaccine delivery using lipid nanoparticles. Ther Deliv 7:319–334. https://doi.org/10.4155/tde-2016-0006

Reynolds S (2021) Lasting immunity found after recovery from COVID-19. https://www.nih.gov/news-events/nih-research-matters/lasting-immunity-found-after-recovery-covid-19#:~:text=The%20immune%20systems%20of%20more,lasting%20immune%20memories%20after%20vaccination. Zugegriffen: 25. Feb. 2021

Riedel S (2005) Edward Jenner and the history of smallpox and vaccination. Proc (Bayl Univ Med Cent) 18:21–25. https://doi.org/10.1080/08998280.2005.11928028

RKI (2021) Übersicht und Empfehlungen zu besorgniserregenden SARS-CoV-2 Virusvarianten (VOC). https://www.rki.de/DE/Content/InfAZ/N/Neuartiges_Coronavirus/Virusvariante.html. Zugegriffen: 26. Feb. 2021

Rostad CA, Anderson EJ (2021) Optimism and caution for an inactivated COVID-19 vaccine. Lancet Infect Dis 21: S1473-3099(20)30988–9. https://doi.org/10.1016/S1473-3099(20)30988-9

Sahin U, Muik A, Derhovanessian E et al (2020) COVID-19 vaccine BNT162b1 elicits human antibody and Th1 T cell responses. Nature 586:594–599. https://doi.org/10.1038/s41586-020-2814-7

Sanjuán R, Nebot MR, Chirico N et al (2010) Viral mutation rates. J Virol 84:9733–9748. https://doi.org/10.1128/JVI.00694-10

Saxena M, Van TTH, Baird FJ et al (2013) Pre-existing immunity against vaccine vectors – friend or foe? Microbiology 59:1–11. https://doi.org/10.1099/mic.0.049601-0

Schlake T, Thess A, Fotin-Mleczek M et al (2012) Developing mRNA-vaccine technologies. RNA Biol 9:1319–1330. https://doi.org/10.4161/rna.22269

Schriever J, Schwarz G, Steffen C et al (2009) Das Genehmigungsverfahren klinischer Prüfungen von Arzneimittel bei den Bundesoberbehörden. Bundesgesundheitsbl 52:377–386. https://doi.org/10.1007/s00103-009-0821-9

Sender R, Bon-On YM, Flamholz A et al. (2020) The total number and mass of SARS-CoV-2 virions in an infected person. medRxiv. https://doi.org/10.1101/2020.11.16.20232009

Smetana J, Chlibek R, Shaw J et al (2018) Influenza vaccination in the elderly. Hum Vaccin Immunother 14:540–549. https://doi.org/10.1080/21645515.2017.1343226

Solans L, Locht C (2019) The role of mucosal immunity in pertussis. Front Immunol 9:3068. https://doi.org/10.3389/fimmu.2018.03068

Spencer JP, Pawlowski RHT, Thomas S (2017) Vaccine adverse events: separating myth from reality. Am Fam Physician 95:786–794

Suschak JJ, Williams JA, Schmaljohn CS (2017) Advancements in DNA vaccine vectors, nonmechanical delivery methods, and molecular adjuvants to increase immunogenicity. Hum Vaccin Immunother 13:2837–2848. https://doi.org/10.1080/21645515.2017.1330236

Syomin BV, Ilyin YV (2019) Virus-like particles as an instrument of vaccine production. Mol Biol 53:323–334. https://doi.org/10.1134/S0026893319030154

Tebas P, Yang SP, Boyer JD et al. (2021) Safety and immunogenicity of INO-4800 DNA vaccine against SARS-CoV-2: A preliminary report of an open-label, phase 1 clinical trial. EclinicalMedicine 31:100689. https://doi.org/10.1016/j.eclinm.2020.100689

Tian JH, Patel N, Haupt R et al (2021) SARS-CoV-2 spike glycoprotein vaccine candidate NVX-CoV2373 immunogenicity in baboons and protection in mice. Nat Commun 12:372. https://doi.org/10.1038/s41467-020-20653-8

Tseng CT, Sbrana E, Iwata-Yoshikawa N et al. (2012) Immunization with SARS coronavirus vaccines leads to pulmonary immunopathology on challenge with the SARS virus. PLoS One 7:e35421. https://doi.org/10.1371/journal.pone.0035421

Vellinga J, Smith JP, Lipiec A et al (2014) Challenges in manufacturing adenoviral vectors for global vaccine product deployment. Hum Gene Ther 25:318–327. https://doi.org/10.1089/hum.2014.007

vfa (2021) Vaccines to protect against COVID-19, the new coronavirus infection. https://www.vfa.de/de/englische-inhalte/vaccines-to-protect-against-covid-19. Zugegriffen: 18. Mär. 2021

Vogel PUB, Schaub GA (2021) Seuchen, alte und neue Gefahren – Von der Pest bis COVID-19. Springer Spektrum, Wiesbaden. https://doi.org/10.1007/978-3-658-32953-2

Volkers P, Poley-Ochmann S, Nübling M (2005) Regulatorische Aspekte klinischer Prüfungen unter besonderer Berücksichtigung biologischer Arzneimittel. Bundesgesundheitsbl 48:408–414. https://doi.org/10.1007/s00103-005-1014-9

Volz A, Sutter G (2017) Modified Vaccinia virus Ankara: History, value in basic research, and current perspectives for vaccine development. Adv Virus Res 97:187–243. https://dx.doi.org/101016/bs.aivir.2016.07.001

Voysey M, Clemens SAC, Madhi SA et al (2021) Safety and efficacy of the ChAdOx1 nCoV-19 vaccine (AZD1222) against SARS-CoV-2: an interim analysis of four randomised controlled trials in Brazil, South Africa, and the UK. Lancet 397:99–111. https://doi.org/10.1016/S0140-6736(20)32661-1

Voysey M, Clemens SAC, Madhi SA et al. (2021b) Single-dose administration and the influence of the timing of the booster dose on immunogenicity and efficacy of ChAdOx1 nCoV-19 (AZD1222) vaccine: a pooled analysis of four randomised trials. Lancet 19: S0140-6736(21)00432-3. https://doi.org/10.1016/S0140-6736(21)00432-3

Vujadinovic M, Vellinga J (2018) Progress in adenoviral capsid-display vaccines. Biomedicines 6:81. https://doi.org/10.3390/biomedicines6030081

Wang F, Kream RM, Stefano GB (2020) Long-term respiratory and neurological sequelae of COVID-19. Med Sci Monit 26:e928996. https://doi.org/10.12659/MSM.928996

Weisblum Y, Schmidt F, Zhang F et al. (2020) Escape from neutralizing antibodies by SARS-CoV-2 spike protein variants. Elife 9:e61312. https://doi.org/10.7554/eLife.61312

Wen J, Cheng Y, Ling R et al (2020) Antibody-dependent enhancement of coronavirus. Int J Infect Dis 100:483–489. https://doi.org/10.1016/j.ijid.2020.09.015

WHO (2004) Summary of probable SARS cases with onset of illness from 1 November 2002 to 31 July 2003. https://www.who.int/csr/sars/country/table2004_04_21/en/. Zugegriffen: 30. Jan. 2021

WHO (2020a) Draft landscape of COVID-19 candidate vaccines. file:///C:/Users/2517833/Downloads/novel-coronavirus-landscape-covid-19.pdf. Zugegriffen: 3. Feb. 2021

WHO (2020b) MERS situation update. https://www.emro.who.int/health-topics/mers-cov/mers-outbreaks.html. Zugegriffen: 20. Feb. 2021

Wu LP, Wang NC, Chang YH, Tian XY, Na DY et al (2007) Duration of antibody responses after severe acute respiratory syndrome. Emerg Infect Dis 13:1562–1564. https://doi.org/ 10.3201/eid1310.070576

Ye ZW, Yuan S, Yuen KS, Fung SY, Chang CP et al (2020) Zoonotic origins of human coronaviruses. Int J Biol Sci 16:1686–1697. https://doi.org/10.7150/ijbs.45472

Zaki AM, van Boheemen S, Bestebroer TM et al (2012) Isolation of a novel coronavirus from a man with pneumonia in Saudi Arabia. N Engl J Med 367:1814–1820. https://doi.org/10. 1056/NEJMoa1211721

Zhao H, Shen D, Zhou H et al (2020) Guillain-Barré syndrome associated with SARS-CoV-2 infection: causality or coincidence? Lancet Neurol 19:383–384. https://doi.org/10.1016/ S1474-4422(20)30109-5

Zündorf I, Dingermann T (2017) Vom Hühnerei zur Gentechnologie. Pharmazeutische Zeitung; https://www.pharmazeutische-zeitung.de/ausgabe-132017/vom-huehnerei-zur-gen technologie/. Zugegriffen: 30. Juni 2020

Printed in the United States
by Baker & Taylor Publisher Services

Printed in the United States
by Baker & Taylor Publisher Services